U0253042

编审委员会

高等职业教育艺术设计“十二五”规划教材

ART DESIGN SERIES

现代园林景观设计教程

Modern Landscape Architecture Design Course

全利 杜涛 编著

国家一级出版社
全国百佳图书出版单位
西南师范大学出版社
XINAN SHIFAN DAXUE CHUBANSHE

序

Preface 沈渝德

职业教育是现代教育的重要组成部分，是工业化和生产社会化、现代化的重要支柱。

高等职业教育的培养目标是人才培养的总原则和总方向，是开展教育教学的基本依据。人才规格是培养目标的具体化，是组织教学的客观依据，是区别于其他教育类型的本质所在。

高等职业教育与普通高等教育的主要区别在于：各自的培养目标不同，侧重点不同。职业教育以培养实用型、技能型人才为目的，培养面向生产第一线所急需的技术、管理、服务人才。

高等职业教育以能力为本位，突出对学生的能力培养，这些能力包括收集和选择信息的能力、在规划和决策中运用这些信息和知识的能力、解决问题的能力、实践能力、合作能力、适应能力等。

现代高等职业教育培养的人才应具有基础理论知识适度、技术应用能力强、知识面较宽、素质高等特点。

高等职业艺术设计教育的课程特色是由其特定的培养目标和特殊人才的规格所决定的，课程是教育活动的核心，课程内容是构成系统的要素，集中反映了高等职业艺术设计教育的特性和功能，合理的课程设置是人才规格准确定位的基础。

本艺术设计系列教材编写的指导思想是从教学实际出发，以高等职业艺术设计教学大纲为基础，遵循艺术设计教学的基本规律，注重学生的学习心理，采用单元制教学的体例架构使之能有效地用于实际的教学活动，力图能贴近培养目标、贴近教学实践、贴近学生需求。

本艺术设计系列教材编写的一个重要宗旨，那就是要实用——教师能用于课堂教学，学生能照着做，课后学生愿意阅读。教学目标设置不要求过高，但吻合高等职业设计人才的培养目标，有良好的实用价值和足够的信息量。

本艺术设计系列教材的教学内容以培养一线人才的岗位技能为宗旨，充分体现培养目标。在课程设计上以职业活动的行为过程为导向，按照理论教学与实践并重、相互渗透的原则，将基础知识、专业知识合理地组合成一个专业技术知识体系。理论课教学内容根据培养应用型人才的特点，求精不求全，不过多强调高深的理论知识，做到浅而实在、学以致用；而专业必修课的教学内容覆盖了专业所需的所有理论，知识面广、综合性强，非常有利于培养“宽基础、复合型”的职业技术人才。

现代设计作为人类创造活动的一种重要形式，具有不可忽略的社会价值、经济价值、文化价值和审美价值，在当今已与国家的命运、社会的物质文明和精神文明建设密切相关。重视与推广设计产业和设计教育，成为关系到国家发展的重要任务。因此，许多经济发达国家都把发展设计产业和设计教育作为一种基本国策，放在国家发展的战略高度来把握。

近年来，国内的艺术设计教育已有很大的发展，但在学科建设上还存在许多问题。其表现在优秀的师资缺乏、教学理念落后、教学方式陈旧，缺乏完整而行之有效的教育体系和教学模式，这点在高等职业艺术设计教育上表现得尤为突出。

作为对高等职业艺术设计教育的探索，我们期望通过这套教材的策划与编写能构建一种科学合理的教学模式，开拓一种新的教学思路，规范教学活动与教学行为，以便能有效地推动教学质量的提升，同时便于有效的教学管理。我们也注意到艺术设计教学活动个性化的特点，在教材的设计理论阐述深度上、教学方法和组织方式上、课堂作业布置等方面给任课教师预留了一定的灵动空间。

我们认为教师在教学过程中不再主要是知识的传授者、讲解者，而是指导者、咨询者；学生不再是被动地接受，而是主动地获取。这样才能有效地培养学生的自觉性和责任心。在教学手段上，应该综合运用演示法、互动法、讨论法、调查法、练习法、读书指导法、观摩法、实习实验法及现代化电教手段，体现个体化教学，使学生的积极性得到最大限度的调动，学生的独立思考能力、创新能力均得到全面的提高。

本系列教材中表述的设计理论及观念，我们充分注重其时代性，力求有全新的视点，吻合社会发展的步伐，尽可能地吸收新理论、新思维、新观念、新方法，展现一个全新的思维空间。

本系列教材根据目前国内高等职业教育艺术设计开设课程的需求，规划了设计基础、视觉传达、环境艺术、数字媒体、服装设计五个板块，大部分课题已陆续出版。

为确保教材的整体质量，本系列教材的作者都是聘请在设计教学第一线的、有丰富教学经验的教师，学术顾问特别聘请国内具有相当知名度的教授担任，并由具有高级职称的专家教授组成的编委会共同谋划编写。

本系列教材自出版以来，由于具有良好的适教性，贴近教学实践，有明确的针对性，引导性强，被国内许多高等职业院校艺术设计专业采用。

为更好地服务于艺术设计教育，这次修订主要从以下四个方面进行：

完整性：一是根据目前国内高等职业艺术设计的课程设置，完善教材欠缺的课题；二是对已出版的教材，在内容架构上有欠缺和不足的地方，进行调整和补充。

适教性：进一步强化课程的内容设计、整体架构、教学目标、实施方式及手段等方面，更加贴近教学实践，方便教学部门实施本教材，引导学生主动学习。

时代性：艺术设计教育必须与时代发展同步，具有一定的前瞻性，教材修订中及时融合一些新的设计观念、表现方法，使教材具有鲜明的时代性。

示范性：教材中的附图，不仅是对文字论述的形象佐证，而且也是学生学习借鉴的成功范例，具有良好的示范性，修订中会对附图进行大幅度的置换更新。

作为高等职业艺术设计教材建设的一种探索与尝试，我们期望通过这次修订能有效地提高教材的整体质量，更好地服务于我国艺术设计高等职业教育。

前言
Foreword

我国有着非常悠久的造园历史，早在几千年前的奴隶社会，人们就已经有意识地进行各种探索活动来构建自己理想的家园。在漫长的古典文化发展历史过程中，传统园林达到了技术与艺术的高度契合，在形式和风格上独树一帜，其影响力辐射到亚洲周边国家和地区，甚至远达欧洲。

但传统古典园林的生成土壤毕竟是形成于技术条件相对低下、整体环境意识欠缺的封建社会与农耕经济时代，传统造园活动大多是为少数人的需要而服务的，无论是理念、方法都有着时代的局限性，无法完全适应现代环境设计的需求。

现代园林景观设计则立足于当下，着眼于未来，为全体人类和整体环境自然生态系统服务。它是一门与人类生存环境息息相关的学科，旨在探索在现代社会城市化进程高速发展过程中，人与自然如何和谐共存的方式，尤其是当下，我国社会经济繁荣发展，人民生活水平和文化素养大幅度提高，人们对自己的生存环境越来越重视。现代园林景观设计作为一门研究人与自然关系的专业学科，在我国迅速发展起来。与西方自19世纪末20世纪初就已经确立，迄今已有100余年发展历史的现代景观学相比较，这门学科在我国的兴起和发展只有20多年的历史，但中国现代景观设计的发展势头已不可小觑。

园林景观设计是一门综合性很强且多学科融合的专业，它与城市规划、生态学、园林学、建筑学、植物学、设计学、社会学、心理学、美学、文学、历史等多门学科有着交叉关系，它们相互影响和支撑，搭建起错综复杂的学科内涵。对于景观设计师而言，除了要掌握本专业相应的知识和技能之外，还必须要了解与这门专业相关的其他学科知识，不断拓展知识的广度，增加知识储备量，建立广泛而完整的学科知识系统。

园林景观设计是环境艺术设计专业的重要研究方向，目前我国许多高校的环境艺术设计专业都开设了园林景观设计的相关课程。因为学科本身的综合性特点，不同学校根据自身不同学科背景，其园林景观设计教学的侧重点也有所不同。如艺术类院校偏向设计的形式构成和视觉表达；园林类院校则偏重于园林植物配置与设计；建筑和规划类学校侧重于建筑规划或环境景观整体规划方向。本教材面向的是高等职业教育环境艺术设计专业的学生。高职环艺教学的目标是培养“一专多能”的应用型人才，为了适应这个需求，本教材在编写过程中尽量吸取园林景观教学的不同方法，力求做到全面系统，让学生能够通过这本教材掌握较为全面的园林景观设计知识和技能。同时，本教材尽量做到理论与实践结合，深入浅出，兼顾实用性和可操作性。

本教材一共分为五个主要章节：第一章是现代园林景观设计概述，重点阐述园林景观设计的相关概念、中西方园林艺术的历史以及现代园林景观设计的发展；第二章的主要内容是园林景观设计的制图与表达，主要就园林景观要素的常用表现方式和园林景观制图规范、要求进行阐述；第三章讲的是景观设计的基本程序与方法，就园林景观项目设计的整个操作过程进行详细的阐述；第四章是现代景观构成要素及其设计方法，细分了园林景观设计各造景要素的类型，讲述它们在园林景观环境中的作用、功能，以及设计要点；第五章是实践与运用环节，通过图文结合和大量的国内外经典案例分析，讲述包括构成现代园林景观的几大设计要素和不同类型的园林景观设计方法两个方面的内容。教材的逻辑框架是从理论过渡到实践，从基础练习量的积累到综合实践质的飞跃，由普遍性原理讲解到具体的实践操作，从基础单一元素的表达到元素的综合运用，符合园林景观设计学习的一般规律。

教材在编写的过程中，遇到了很多困难也得到了很多的关心和帮助。在此，我要首先感谢我的老师沈渝德教授给予我的支持和鼓励，感谢我的合作者杜涛老师为这本教材付出的辛勤努力，感谢西南师范大学出版社的同仁们付出的辛勤劳动。同时，我参阅了大量的园林景观类书籍和相关教材，并引用了许多国内外出版的优秀作品、文献资料，在此一并向这些作者和出版社致谢。

由于编写经验不足，水平有限，书中难免会出现错漏或不足之处，敬请同行、师长以及广大读者批评和指正。

目录
Content

教学导引 01

第一教学单元 现代园林景观设计概述 03

一、 现代园林景观设计基础理论 04

（一）概念 04

（二）园林景观设计发展历史 05

二、现代园林景观设计的类型及其特征 10

（一）城市公共景观设计 10

（二）居住区景观设计 10

（三）旅游区景观设计 10

（四）工厂绿地景观设计 10

（五）校园景观设计 10

（六）屋顶花园景观设计 11

（七）室内景观设计 11

三、 单元教学导引 12

第二教学单元 现代园林景观设计制图与表现技法 13

一、 园林景观制图基础知识 14

（一）工具 14

（二）制图规范 15

二、园林景观设计平面图、立面图、剖面图与透视效果图 18

（一）平面图 18

（二）立面图 19

（三）剖面图 19

（四）透视效果图 19

三、 园林景观构成要素的表达 21

（一）地形 21

（二）植物 22

（三）水体 24

（四）山石 25

（五）铺装 25

四、单元教学导引 26

第三教学单元 现代园林景观设计的基本程序 27

一、前期准备 28

（一）阅读设计任务书，掌握设计项目的相关信息 28

（二）基地调查和资料收集 28

（三）设计分析 29

二、方案设计 29

（一）设计理念的确立 29

（二）初步方案设计 33

（三）方案扩初设计　36
三、 施工图设计　36
（一）园林景观施工图设计的目的与要求　36
（二）园林景观工程图包含的基本内容　37
（三）园林景观施工图编排顺序　37
四、单元教学导引　38

第四教学单元　现代园林景观构成要素及其设计方法　39
一、地形　40
（一）地形的类型　40
（二）地形设计　40
二、铺装　42
（一）硬质铺装的作用　42
（二）常见的地面铺装材料　43
（三）铺装设计　45
三、水景　47
（一）水在园林景观中的功能作用　47
（二）水体景观的形式与设计方法　47
（三）水体景观设计要点　50
四、植物　51
（一）植物在园林景观中的功能作用　51
（二）常见的园林景观植物类型及其特性　52
（三）植物配置原则　52
（四）植物造景的配置方式　54
五、园林景观小品　57
（一）景观构筑物　57
（二）服务设施　60
（三）景观雕塑　62
六、单元教学导引　64

第五教学单元　现代园林景观设计的实践与运用　65
一、现代园林景观形式构成的基本元素　66
（一）基本元素　66
（二）基本形式元素的构成方式　69
（三）空间　71
（四）形式美学原则　77
二、不同类型的现代园林景观设计　78
（一）广场景观设计　78
（二）道路景观设计　82
（三）城市公园景观设计　86
（四）住宅小区景观设计　89
三、单元教学导引 94

后记 95
主要参考文献 95

教学导引

一、教程基本内容设定

现代园林景观设计是环境艺术设计专业一门综合性很强的，集艺术、工程技术、科学于一体的应用型专业学科，着重于研究人类户外生存环境的建设问题，是环境艺术设计专业学生必修的专业课程。

由于本门学科本身的历史性、综合性、复杂性等特点，园林景观的定义随着历史的发展和时代的更新有着不同的解读，因此对于基础理论的学习可帮助学生理解相关理论和概念，不至于产生混淆。学习中西方传统园林景观艺术的发展历史，可使学生从传统造园技艺中吸取养分，对现代园林景观设计有很大的指导作用。另外，现代园林景观设计种类多样，如住区景观、城市公园、道路景观、室内景观等，不同园林景观类型在设计的理念、目标、方法上就会不一样，了解不同景观类型的设计要点才能进行有针对性的设计。

园林景观设计制图和表现是现代园林景观设计的基本语言，是进入园林景观设计领域的入口，是每一个园林景观设计师必须要掌握的基本技能。只有掌握了基本语言的表达，才能为进一步深入的学习奠定基础。

现代园林景观设计有着严密的科学性和程序性，学生要掌握实施园林景观设计的具体操作，必须就其基本的操作过程进行学习和训练。前有理论基础，再掌握了基本表现技法，就可以针对设计程序进行模拟训练。

现代园林景观构景要素是园林景观设计专业的重要学习内容，相较于前面的理论学习和基础训练，这部分的内容更加深入具体，掌握了不同景观构景要素设计方法才能进行进一步的学习。

园林景观设计是一门应用性很强的学科，理论学习和基础训练的目的都是为后面的具体项目的实施和运用而服务的。因此在学习的后期阶段可针对不同的园林景观类型进行项目实践操作。

高职高专设计专业的人才培养目标是综合型、应用型设计人才。本教程根据这个培养目标要求，按照目前国内高校景观设计课程的教学大纲确立了体例架构以及本课程的特定性质和任务，其基本内容设定如下：1. 现代园林景观设计的基础理论，本单元以理论阐述为主，使学生了解园林景观的基础知识和相关概念；2. 现代园林景观设计制图与表现，本单元着重培养学生有关园林设计的基础表现技能；3. 现代园林景观设计的程序，本单元的重点是让学生掌握设计的程序和步骤，掌握每一个步骤的具体做法；4. 园林景观各构成要素的设计，重点是让学生掌握园林景观设计的造景要素及其设计方法； 5. 现代园林景观设计的实践与运用，本单元阐述了不同类型的园林景观设计要点和方式。

上述五个单元是由理论、表现、方法、实践构成的由浅入深的教学过程，体现了园林景观教育循序渐进的科学性。根据高职高专人才培养目标要求，实践和应用是本教程的重点所在。

二、教程预期达到的教学目标

现代园林景观设计涉及的学科专业领域极为广泛，一个优秀的景观设计师须对各个相关学科范畴的重要知识点有较为全面的涉猎，因此对于学生综合知识和技能的培养就十分重要。当然与一般本科教育注重专业理论、研究、表现、实践等综合能力的全面培养不同，高职教育的环境艺术设计专业侧重培养学生专业实践能力、技术能力以及市场适应与应变能力。

根据这样的专业学科教育特色和人才规格培养的要求，本教程的总体教学目标即是通过本课程设定的基本内容的有效实施，经过对理论、原则、内容、方法、表现等知识的学习和大量的实践操作训练之后，学生能够准确地理解现代园林景观设计的基本原理和设计方法，熟练掌握园林景观设计的技能，具有一定的市场观念，独立的项目策划、方案设计、实施以及管理能力，具备一个现代园林景观设计师应有的基本职业素质；让学生走上社会岗位之后能够较好适应社会、适应市场，能够胜任园林景观设计行业的相关岗位，并为其以后在专业学术领域或实践领域的进一步发展奠定良好的基础。

三、教程的基本体例架构

特定的培养对象、明确的培养方向和教学目标，以实用性为主的教学内容，要求本教程必须具备科学的体例架构。教程的基本体例架构须根据高职教育的教学大纲来定位和展开。

本教程根据园林景观设计专业教学大纲规定的总学时，划分几个内容不同、循序渐进的教学单元，提供科学合理的教学模式和学习方法。在确定的每个教学单元中，有明确的单元教学目标、要求、教学重点、单元作业命题、教学过程注意事项提示、教学单元总结的要求、思考题及课余作业练习题、专业参考书目等。

教程在理论表述上，依照逻辑关系，将不同的理论层面纳入不同的教学单元之中，尽量清晰简明、重点突出、通俗易懂，同时注重理念、知识的全面性和时效性，尽可能地吸收新观念、新思维、新理念和新方法。

作业命题应根据教程要求的总的培养目标及各教学单元目标来拟定，作业设置具有典型性和概括性，难度由浅入深，使学生通过所有教学单元的学习和训练，掌握园林景观设计应具备的综合运用能力。

四、教程实施的基本方式与手段

本教程实施的基本方式有：教师讲授、多媒体辅助教学、外出考察、课题小组讨论、课题设计、优秀案例赏析。

任课教师讲授：这是一种传统而行之有效的教学方式。尤其是对于园林景观设计理念和原理的学习而言，教师的系统讲解有助于学生理解教程上的知识。教学效果取决于教师本身的文化修养、理论素养以及口头表达能力，教师在上课前做好充分的教学准备更有助于课堂讲授的良好发挥。

多媒体辅助教学：多媒体辅助教学有两种形式，一种是教师根据讲课内容制作的课件，包括脉络清晰的理论架构和佐证相关概念、理念、方法的图例。另一种是教师搜集的经典案例视频光盘。

外出考察：园林景观设计的应用性很强，与市场联系紧密，同时，很多内容的学习是在课堂范围内无法直观了解的。外出考察的内容包括材料调查、植物考察、优秀园林景观实例现场观摩、项目基地资料搜集等方面的内容。

课题小组讨论：课题小组讨论包括师生讨论和学生间的讨论两方面。现代教学注重教师与学生在课堂上的互动，学生是教学的主体。教师除了授课之外还应起到引导、组织和调度教学活动的作用，将学生分为不同的课题小组，给他们相应的课题训练题目，让他们充分发挥主观能动性，积极阐述自己的观点和看法。小组讨论模式有助于活跃课堂气氛，激发学习兴趣和灵感，提高思维创新能力和口头表达能力。

课题设计：这是学生将园林景观设计理论知识转化为实践的重要过程，是培养高职高专应用型人才实际设计能力的重要措施。学生学到的知识通过作业练习才能真正转化成实际的应用能力。这一阶段，教师的作用是引导和帮助学生思考，在必要的时候给予启发，作业完成之后，教师应对作业进行讲解和总结，解决学生在实际操作中存在的问题。

优秀案例赏析：这部分可以分散在教学过程之中，也可以放在教学的中期阶段，或者作为教学最后阶段的总结。优秀案例的赏析可以帮助学生培养专业兴趣，扩展见识，提高审美鉴赏能力，并学会从优秀案例中吸取营养。

五、教学部门如何实施本教程

本教程针对高职环境艺术设计专业的人才培养规格，对园林景观设计这门课程从内容设计到操作方式都做了较为详尽的设计，教学部门可以将其作为教材直接用于园林景观设计课程的教学实践。

任课教师可以依据本教程展开教学活动，使教学活动更合理、科学、规范和系统。本教材对学生而言，有较好的指导作用，可学生以进行自主的学习，做到对教学心中有数，而不是盲目被动地跟随教师的授课节奏。

六、教学实施的总学时设定

园林景观设计是环境艺术设计专业的一门主干必修课程，且对于学生而言，这门课程直接关系到学生的职业能力，许多院校都安排了较多的课时，并在几个学期里，根据园林景观的知识结构和类型细分出相关的专业课程。当然，各院校相关专业的资源和就业情况各不相同，课程的总学时以及课程安排也可视情况确定。

一般而言，本门课的教学时间不少于80学时，周教学课时尽量集中，每周12学时。这门课必须安排在制图、软件、材料和构造等专业基础课程之后，才能确保课程的顺利进行。对于环境艺术专业本科（四年制）教学，本课程可以安排在三年级下学期或四年级上学期。对于环境艺术专业专科（三年制）教学，课程最好安排在二年级下学期或三年级上学期。

七、任课教师把握的弹性空间

艺术设计教学与一般学科专业教学最大的不同之处就在于其具有鲜明的个性化特点。教师在教学过程中应保持自身独特的创造性和灵活性，不能完全受制于条条框框的约束，以激发学生的创作兴趣和灵感。因此本教材在设计教学活动时预留了一定的弹性空间，给教师留主动性发挥的空间。

本课程任课教师把握的弹性空间体现在三个方面：

首先，在专业理论的阐述上，不求过全过深，而是突出重点、深入浅出，这样可以为教师留下很大的自由发挥的空间。教师以本教程表述的理论知识为基础，根据学生对于相关知识的接受度、兴趣点和学习状态进行表述上的深浅适度变化，也可融入教师自己的见解和观点，有的放矢的延伸或深化，使教学活动规范合理，又充满个性特色。

其次，在教学方法和教学组织方式上，本教程没有做出硬性规定，只是提出了一些建议，给任课教师留下了绝对的自主空间。教师可以按自己的教学思维采取适当的教学方法，并根据学生学习的情况随时调整、完善。

最后，每个教学单元的命题作业，也是为任课教师提供一个参考方向。教师在进行作业命题时，应根据本校专业设置的情况和学生知识掌握情况来安排，以符合专业培养目标，帮助学生实现由理论知识向实际运作能力的转化为依据，使教学取得最佳的效果。

第 1 教学单元

现代园林景观设计概述

一、现代园林景观设计基础理论

二、现代园林景观设计的类型及其特征

三、单元教学导引

现代园林景观设计是一门与人居环境相关的学科，随着城市建设的大规模兴起，这门学科越来越受到人们的重视。相对于传统园林艺术，现代园林景观设计更具综合性，是集园林艺术学、环境生态学、城市规划学、行为心理学等众多学科于一体的综合性艺术。它既与艺术美学相关，也与科学、技术相关，它注重局部场地的塑造，更重视局部场地与自然、城市整体环境的关系。

随着现代城市的快速发展，人们越来越科学系统的生态观念和越来越丰富的人居环境需求，为园林景观设计从业者带来机遇，同时也出现了很多的挑战。这决定了园林景观设计应随着时代的发展、社会的发展而不断发展更新。

1 一、现代园林景观设计基础理论

（一）概念

1.园林景观的相关概念

在中国，园林一词最早出现在大约1800多年前的魏晋时期，唐宋以后被广泛应用，沿用至今。园林与“庭园”同义，指的是以赏景、游览为主要功能的各类游憩环境。在西方，与园林同义的词即“Garden”，意思是园林、庭园、花园，其意义与中国传统“园林”相似。随着时代的发展，园林已从传统的“庭园”发展到“风景园林”，除了传统意义上的庭园之外还包括城市园林、公园、风景区等，可以说其内涵和外延都得以扩展和丰富，而这一称法也被广泛运用在学术和行业领域。

景观（Landscape）一词的原意是指风景、景色、风光，最早出现于希伯来语《圣经·旧约》全书，在书中用来描绘耶路撒冷的美景。17世纪以后，欧洲风景绘画脱离配景地位而成为一种主要的绘画表现题材，景观一词被定义为专门的绘画术语，特指陆地风景画。由此可见，景观一词原本含有强烈的视觉美学意义，“景”指景色、景象、景物，即存在于大地上的一切可观察得到的自然和人工景象；而“观”则与人的活动相关，即人对于这些景象的观看、观赏、观察、体会和反应，体现在人对环境的参与上。19世纪，景观被德国地理学家洪堡德（Vono Humboldt）引入自然地理学，景观一词不再是仅具有视觉美学意义，而是指“一个区域的总体特征”，即是这一区域内的地形地貌、水体土壤、动植物等元素构成的综合体。

从景观、园林的概念来看，园林是由具体的造园行为所产生的成果，即在局部地块通过对建筑、水体、植物等元素的运用而构建的具有视觉观赏价值的自然式空间环境。而景观所包含的内容更加广泛和复杂，景观是视觉审美的对象，也是人类赖以生存的物质载体，为人类所依附的同时也不断被人类改造。景观既是一种自然视觉形象，也是一种生态和文化景象，它承载并记录着环境的变迁以及人类漫长发展历史过程中的文化、思想、理想等人的痕迹。总的来说，景观是漫长而复杂的自然在塑造演变过程中留下的印迹，也是人类活动的烙印。

2.园林景观设计的概念

园林设计（Landscape Gardening，简称LG）是在一定的区域范围内运用艺术与技术的手段，合理地布置山石、建筑、水体、植物等要素，创造出优美舒适的、供人游赏休憩的第二自然环境。

19世纪末，现代景观设计诞生后，美国用Landscape Architecture（简称LA）代替了LG，以示现代景观设计与传统园林设计之间的区别。相对于传统园林设计而言，现代景观设计具备传统园林设计的基本内容，但它已不仅是某一局部地块的空间设计，而是着眼于全面的自然、环境、城市之中，注重整体生态、人文的协调统一。目前，从西方学术界对园林和景观的定义以及行业内对这两个词的运用来看，两者之间没有本质区别，因此也常常被统称为“园林景观”（Landscape Architecture）。

园林景观设计是一门涵义广泛的综合性学科，它已不单纯是大自然的物化形式或人类活动的记载，它是一门基于自然、生态、社会、文化、资源等科学原则，进行土地及其各类要素的规划和设计的学科。

园林景观设计即是在科学的基础之上，坚持可持续发展的观念，合理地利用自然资源、社会资源、文化资源等，借助艺术的表达手法，运用园林艺术和工程技术手段，通过地形改造、空间塑造、交通规划、植物种植、建筑修建等方式，创建优美、适宜的人居空间环境的过程。其目的是要满足人类对于居住环境的物质需求，同时满足人的心灵和精神追求，不断提高环境品质，为未来发展提供动力。

（二）园林景观设计发展历史

1. 古典园林时期

园林艺术随着时代的发展而不断演进，在不同民族和不同文化的影响下，在漫长的历史发展过程中逐渐发展、成熟，进而形成不同风格、不同类型的园林样式。我们在这里就中国古典园林和西方古典园林的发展历史进行一个简要的梳理和概括。

（1）中国古典园林

中国古典园林是集中国传统文化之大成的一门综合艺术，被看作是中华文明的缩影，它与西亚的伊斯兰园林、欧洲古典园林并称为世界三大造园系统。

中国古典园林最早产生于约公元前11世纪，即殷末周初时期，这一时期的“囿”、“圃”、“台”被看作是古典园林的早期雏形，带有浓郁的农业时代气息。“囿”是供帝王狩猎、渔钓的禽兽豢养场地，而“圃”则是指用来种植蔬菜瓜果的园子，“台”是一种用土堆筑而成用以登高观天象、通神灵的建筑类型。可以说，这一时期的“囿、圃、台”具备后世园林所具备的要素和文化内涵。秦汉时期修建了规模宏大的皇家宫苑，如秦咸阳宫、汉上林苑等，开创了我国古代皇家园林将帝王宫殿与苑囿结合的传统。

自魏晋时期，中国山水画发轫之后，道家思想盛行，文人士大夫厌恶政治、逃避现实，崇尚回归山野的隐居生活，他们寄情于自然山水之中，通过书写自然、描绘自然而抒发内心的情怀，自然式山水园林由此而诞生。因此魏晋时期是中国传统古典园林美学思想初步确立的时期。

隋唐时期是中国封建王朝的鼎盛时期，也是中国古典园林发展的全盛时期。中国古典园林的几种主要类型在隋唐时期都已出现。皇家园林类型分明、特点突出、规模宏大；私家园林日益兴盛，有城市府邸园林，也有如王维的辋川别业、白居易的庐山草堂式的以文人写意山水园林为主的隐逸式园林；最值得一提的是，当时还出现了为平民服务的城市公园林地——大唐曲江芙蓉苑；产生于南北朝时期的寺观园林类型，在唐代继续得以发展，成为城市公共交往中心和旅游风景点。隋唐园林艺术凭借当时强大的中华文化传播力度影响了周边其他国家和地区的园林发展。

两宋时期山水文化繁荣，诗人画家善于经营园林，因此文人主题园大量出现，此类园林空间规模与之前相比普遍较小，景致更追求富丽、精致。由宋代皇帝宋徽宗亲自设计营建的皇家园林艮岳，被看作是写意山水园集大成者，其自然山水意趣的表达成为后来明清宫苑建造的范本和借鉴对象。

明清两朝是封建社会发展的尾声，也是古典园林艺术和技术的成熟期，这一时期的园林类型主要以南方的私家园林和北方皇家园林为主。资本主义萌芽促使了市民文化的繁荣，为建筑和园林的发展注入了新的元素，并兴起了中国一次最大的园林建设高潮，私家园林营建之风盛行。从明代中叶起，官僚贵族、士人、商人在城市或郊区兴建了大量宅园，尤其以江南地区为甚，形成了以苏州园林为代表的私家园林类型，现存的园林大多是这一时期修建的。明代帝苑不发达，私园兴盛，而清代在皇家园林的兴建上是历史上各朝无法比拟的。康熙、乾隆两代皇帝，曾多次南巡，将江南私家园林艺术引入北方皇家园林的设计修建之中，同时也更加促进了进江南造园活动的发展。（图1-1～图1-3）

18世纪欧洲建筑与造园艺术传入中国，中国园林开始引入西方园林中的喷泉、雕塑、水法以及法国的洛可可、巴洛克式建筑形式，如在北京畅春园、圆明园可以看到当时西方园林艺术对中国传统园林的影响。清朝中期至末年，封建文化走向没落，园林艺术的发展逐渐衰

▲ 图1-1 清代皇家园林颐和园万寿山景区，运用昆明湖、万寿山为山水依托，以杭州西湖风景为蓝本，吸取江南园林的设计手法，结合皇家宫苑的磅礴气势建造，是一座大型天然山水园。

▲图1-2、图1-3 苏州拙政园，苏州园林中面积最大的古典山水园林。

退。1840年鸦片战争之后，中国被西方列强打开国门，西方近代城市规划和园林景观设计理念开始传入中国。

（2）西方古典园林

与中国古典园林一样，西方古典园林也同样有着漫长的发展历史和辉煌成果。西方古典园林早期形态源自古代神话故事所描绘的景象，那是在旧约《圣经·创世纪》中有关伊甸园的记载，在那里有密林，有山谷泉水，天使在其间嬉戏玩耍，这种对天堂的描绘反映了当时人类对于原始自然之美的喜爱。人们对于自然美的欣赏和喜爱在不同时期的文学、绘画艺术中得以表达，也在以自然风光、田园风景作为主体景观因素的园林中充分地表现出来，神话故事场景、神话人物形象常与自然风景结合，成为园林中重要的景观构成元素。

传统的西方古典园林有规则式和自然式两大造园样式，规则式园林在西方古典园林发展历史过程中占有主导地位。规则式园林建造者认为，园林是对自然的再加工创造，这种再加工创造需要遵循一定的美学规律，而规律则是追求和谐均称的比例之美。规则式园林的美学理念代表着正统的西方古典美学思想，意大利台地园和法国古典主义园林是规则式园林的典型代表。自然式园林大约产生在公元18世纪的英国，自然式园林设计反对几何形态在园林中占统治地位的局面，强调发现自然之美、向自然学习，追求自然本身所应有的变化和活力，典型代表是英国风景园。

西方古典园林的发展历史可以分为西方古代园林、中世纪的欧洲园林、文艺复兴时期的园林、法国古典主义园林、英国风景园五个发展阶段。

西方古代园林包括古埃及时期、古西亚时期、古希腊和古罗马时期的园林。

大约在公元前3500年，古埃及人在尼罗河沿岸建立了奴隶制王国，尼罗河定期泛滥为河谷居民带来了大片沃土，每一次退水之后人们开始对土地重新进行丈量，这促进了几何学的产生和发展，几何规则式的农田形式被应用到园林设计之中。在当时，人工规则式园地也成为法老、贵族的休闲庭园，规则严正的平面布局、方正的水池和建筑、修剪成几何形状的植物等元素构成的园林成为西方规则式园林的雏形。

公元前3500年，古西亚文明诞生于伊拉克南部的两河流域地区，世界上最早的有文字记录的文明——苏美尔文明发展成熟，这支文明也被称为是巴比伦文明。公元前7世纪，新巴比伦王国的国王尼布甲尼撒二世修建空中花园，这是一座退台式建筑，在每层平台上种遍奇花异草，远远看去花园如同悬浮在空中，因此又被称作是“悬园”。这座园林建筑反映了当时园林建筑技术在结构、防水、引水灌溉、园艺等方面的水平，其设计理念至今仍受到建筑设计师、景观设计师的推崇，空中花园被誉为是世界七大奇观之一。

古希腊是欧洲文明的摇篮，由众多的城邦组成。公元前500年，以雅典城邦为代表的自由民主政治带来了科学、文化、艺术的繁荣。古希腊的建筑、绘画、雕刻艺术创作活动兴盛，民主思想发达，公共集会频繁，民众热爱体育健身运动。大量的群体性活动促进了城市公共活动空间的建设，如体育场、集市，并逐步发展出供民众享用的公园、广场等早期公共园林景观类型。公元前190年，罗马人征服希腊，继承并发扬了古希腊的造园艺术，古罗马园林在西方园林史上有着重要的历史地位，对后世欧洲的园林设计影响深远。古罗马城修建在七座山丘之上，罗马人在山地上修建园林，园林沿地势层层分布形成台地，这为后来意大利台地园的产生和发展奠定了基础。

中世纪是指西欧历史上从公元5世纪罗马帝国瓦解到公元14世纪文艺复兴时代开始前的这一段漫长的历史时期，这一时期被称为欧洲的"黑暗时代"。这一时期的欧洲经济贫困、生产落后、社会动荡，统治阶级极力推崇宗教思想，排斥古典文化，园林艺术发展迟缓。中世纪的西方古典园林主要以西欧园林和伊斯兰园林为典型代表。西欧园林主要类型是寺庙园林和城堡园林两类。寺庙园林以实用性为主，城堡园林大多风格简朴，其布局方式主要为规则式、轴线对称的景园布置。伊斯兰园林主要特征是各种造园要素几何对称布置成矩形平面，园林中最重要的造园要素是水，常以水池或水渠为景观主体，伊斯兰园林的理水方式在一定程度上影响了后来的法国古典园林。

公元14～17世纪，意大利兴起了一场由新兴资产阶级领导的，在文学、艺术、哲学和科学等领域的反封建、反宗教神学的人文主义运动。这场运动以复兴古希腊、古罗马文化为目的，因此被称作"文艺复兴"运动。文艺复兴运动使人们从漫长的中世纪宗教梦魇中觉醒，他们充分发挥自己的创造力，开创了灿烂的文艺复兴文化和艺术，园林艺术也是其中的重要组成部分。14世纪初，意大利佛罗伦萨的贵族、商人们在城市、郊区兴建大量的别墅和花园，别墅宅园成为这一时期最具代表性的园林类型。意大利多山地，这些别墅花园便依山势、随地形修建在山坡上，形成几层台地，即著名的意大利台地园。平台由阶梯和坡道相连，直通到位于山坡最高处的主体建筑。台地按中轴线对称布置成几何形水池、喷泉、雕塑、平台或修剪成花纹图案的种植坛。水景是意大利台地园的常用主景，可借地形的高差变化形成跌水，或用管道将水引到平台之上，做成水池和喷泉。

公元17世纪是文艺复兴运动的晚期，这时期的意大利文化被追求财富的世俗精神渗透，文化和艺术渐渐与最初的人文主义思想相违背，在这种背景下一种新的园林和建筑风格产生了，即巴洛克风格。巴洛克风格的园林追求新奇、夸张的表达手法，装饰小品富丽繁多，修剪植物的纹样更加繁复精细，造园手法越到后期越加矫揉造作。

总的来说，文艺复兴运动席卷整个欧洲，将意大利园林艺术带到欧洲各国，对当时西方古典园林的发展产生了深远而广泛的影响。

17世纪中叶，法国成为欧洲最强大的中央集权国家，国王路易十四运用一切手段来标榜君权的绝对权威，文化和艺术成为推行统治阶级价值观的一种手段，象征中央集权的古典文化成为宫廷的主导文化。意大利文艺复兴园林在17世纪传入法国，受山地地形因素影响的台地园布局方式被运用在法国平坦的地形中，中轴线对称、几何规整的园林布局手法跟庄严崇高的王权威仪相匹配，因此被大量借鉴。法国古典主义园林以府邸建筑为中心，庭院规模宏大、空间开阔，将主体建筑物衬托出来。庭园以林荫大道作为中轴线，两侧分布着主次分明、秩序井然的大小景致，这些景致包括修剪成形的树木、纹样植坛、矩形的水池、笔直的道路、精美的雕塑和园林装饰小品等。法国古典园林整体风格大气简洁、庄重典雅，是宣扬永恒理性的封建王权的物化体现。法国古典主义风格建筑和园林的代表作就是位于巴黎近郊的凡尔赛宫，宫苑由当时著名的造园家勒诺特设计。（图1-4、图1-5）

图1-4

图1-5

▲图1-4、图1-5 法国几何宫苑，规则严谨的几何式布局。

英国风景园兴起于18世纪初期，与法国严谨理性和高度人工化的园林风格截然不同，英国风景园用自然生长的植物、蜿蜒曲折的河流、弯曲的道路表现自然本色之美，追求不加人工修饰的田园野趣。英国风景园采用借景、对景手法来加强园林与外界自然间的联系，将一些明显带有人工印迹的建筑和围墙用植物或水体隐蔽起来，以此来模糊园林边界，达到与自然相融合的目的。（图1-6、图1-7）

通过对中西方传统园林发展的学习，我们可以看到，传统园林艺术的服务对象是少数特权阶层或家庭私有者。因此传统园林只侧重于局部地块的设计规划，而不考虑整体环境因素，这样的造园模式只能适应农耕时代为少数人服务的造园活动或小规模修建活动，随着大工业生产时代的到来，传统园林向现代园林景观转变已是势在必行。

18世纪中叶，发源于英国中部地区的工业革命兴起，促进了生产力的迅速发展，大工业生产使社会阶层发生了巨大变化，工人阶级出现，城市人口增加，园林艺术从为少数人服务开始向为人民大众服务转变，城市公园和城市公共休闲绿地成为当时园林设计的主要类型。

19世纪以后，伴随着工业革命取得的伟大成果，科学技术得以飞速发展，大规模机器化生产为社会创造了丰富的物质财富基础。但是，与此同时也带来了环境污染加重、城市生存环境恶化等一系列的问题。时代的变化促使传统园林景观设计的观念和方法更新，新的探索活动层出不穷，推动了现代园林景观设计的发展。

2.现代园林景观的探索与发展

现代景观设计思潮从欧洲发端，兴起于美国。1857年，美国设计师欧姆斯特德与沃克斯设计的美国纽约中央公园，将英国式的自然风景园林与城市网格系统结合，是纽约第一个以园林学为设计准则建立的自然式公园。（图1-8）

欧姆斯特德主张从城市整体环境出发，将一系列城市公园联系起来，从而形成公园绿地系统，用以提升美国人的生活环境质量，解决城市环境恶化、城市交通混乱等问题。随后在英国也出现了相关的理念，如1898英国设计师提出的花园城市构想。自此时起，园林景观设计的理念不再像传统园林那样把园林看作是单一孤立的艺术对象，而

图1-6

图1-7

▲ 图1-6、图1-7 英国风景园追求自然之美。

▲ 图1-8 纽约中央公园被称作是纽约的后花园，是纽约最大的都市公园，是由人建造的拟自然环境。

开始着眼于整体环境系统。

20世纪初是现代园林景观设计理论和方法的形成与探索阶段。在欧洲，新艺术运动兴起，新艺术运动主要是为了解决建筑与工艺品的艺术风格问题，对园林景观设计的影响不大，但在一定程度上促进了园林景观向现代设计思路的转型。

1918年第一次世界大战之后，欧洲社会发生了巨大的变化，现代主义思潮兴起。1919年，德国著名的现代主义建筑领军人物格罗皮乌斯担任德国魏玛实用美术学校校长，随后成立包豪斯学院。德国的包豪斯学院在20世纪20年代成为欧洲现代主义设计风格的主要基地。20世纪30年代，为了躲避纳粹迫害，包豪斯学院的教师、艺术家、建筑师纷纷逃往美国，现代主义运动的中心由欧洲转移到美国。包括像格罗皮乌斯、密斯凡德罗、门德尔松等这些欧洲现代主义大师与以赖特为代表的美国本土设计大师一起，促进了美国现代主义设计的发展，使美国成为世界现代艺术设计的中心。他们改变了“巴黎美术学院派” 统治美国景观设计思想的局面，打破了单一的传统古典园林设计理念，真正实现了传统古典园林向现代景观的转型。

由于远离战争损耗，“二战”后，美国成为世界经济中心，进入城市建设的高峰时期。这一时期涌现了大量景观设计事务所和设计师，现代主义设计理念与美国商品经济相结合，将美国推向了现代景观发展的最前沿。与此同时，经历“二战”后的欧洲有大量亟待重建的城市公共建筑，这为设计师们提供了充足的实践机会，景观设计与城市规划设计紧密地结合在一起，现代景观设计理念和方法得以广泛应用。

20世纪中叶以后，欧洲和美国涌现了大批有影响力的现代景观建筑师，他们致力于景观新形式的探索，如加略特·艾克博尝试和运用新的材料来改变园林景观的固有面貌。美国第一代景观设计师，私家庭园设计的代表人物托马斯·丘奇将超现实主义绘画艺术的形式语言运用在他的庭院景观设计中，如“肾形”、“钢琴线”等成为他特有的设计语言，他设计的肾形水池成为美国加利福尼亚的景观标志。美国第二代现代景观设计的代表人物劳伦斯·哈普林常以自然景观作为表现对象，善于运用艺术的手法表现自然景观及其生成过程，而不仅仅只是模仿自然。他通过运用水、茂密的树木、粗粝的石材和不加修饰的混凝土将自然的元素引入城市空间中，如他在1974年设计的罗斯福纪念公园，用一系列的花岗石墙体营造出庄重肃穆的纪念氛围，用植物、喷泉和跌水营造出亲切舒适，充满自然活力的游赏空间。（图1-9、图1-10）

▲图1-9 托马斯·丘奇设计的肾形水池，成为私家花园游泳池设计的典范。

▲图1-10 劳伦斯·哈普林设计的罗斯福纪念公园。

20世纪六七十年代，西方的工业化和城市化进程达到了高潮，科学技术高速发展，人们的生活水平提高，城市建设活动频繁。同时也产生了一系列的问题，如人口膨胀、环境污染、资源短缺，人们开始思考如何协调城市发展与自然生态环境之间的矛盾。生态主义成为这一时期景观设计的主流。20世纪70年代以后，各种景观设计思潮和流派兴起，如后现代主义、极简主义、解构主义、生态主义、高技派风格、大地艺术等，设计思想的解放使景观设计的形式、语言、内涵更加丰富和多元化。其他相关学科的研究渗透到园林景观领域，为现代景观设计开阔了视野，提出了新的发展方向，极大地推动了园林景观学科的完善。

1 二、现代园林景观设计的类型及其特征

景观概括起来可以被分为两个大的类别，自然景观和人文景观。自然景观是，指以天然因素为主导，较少受到人类活动影响的，保持着原生自然特征的景观。人文景观则是指那些明显受人类活动影响，直接或间接由人工创造的景观。景观设计根据设计内容的不同，可分为以下几个类型。

（一）城市公共景观设计

城市公共景观设计包括了城市广场、道路以及商业区、办公区的景观设计以及城市公园景观设计。

城市公园景观是给居民提供休闲、娱乐、游览、观赏、交往和举办各类文化活动的公共空间场所。同时它还起着改善城市生态环境，缓解因城市建筑密集、绿化分散带来的各种城市问题的作用，它不仅能美化城市面貌，给人们带来精神愉悦的享受，也是城市高速发展的缓冲空间，城市公园景观建设的好坏可以成为一个城市发展水平的衡量标准之一。

（二）居住区景观设计

居住区景观设计也称住宅小区景观设计，是指在现代城市中，在空间上相对集中和独立的生活居住区环境的规划与设计。居住区景观设计需要通过自然要素和人工要素的协调配合来满足小区住户的生活、休闲、交往等活动需求，设计的宗旨是打造舒适、安全，具有领域感和观赏性的空间环境。

（三）旅游区景观设计

旅游区多位于自然风光优美的地方，本来就具有先天的优势。旅游区设计要充分保护原有的自然条件，在尊重原有生态文化的基础上优化、调整、组织旅游资源，完善、改进旅游设施，力求打造风景宜人，具有地域特色，功能完备的旅游硬件环境。

（四）工厂绿地景观设计

工厂绿地景观是伴随着现代化工厂企业发展过程中的一种新型绿地形式。这已不只是单纯种树栽花的绿化问题，而关系到工厂企业文化精神、个性特色，是城市整体生态环境系统发展的重要内容。工厂绿地景观能有效美化和改善厂区环境，树立企业文化，为职工提供一个安全、舒适、优美的工作环境。工厂景观设计应充分考虑工厂的性质、类型以及固定观赏人群的需求，做到全面规划、合理布局，在植物的选择和配置上应尽量因地制宜，选择适应环境土壤、气候、水分，有一定抗污染能力且易于管理的花草树木。绿化结合园林小品设施等景观要素，营造出满足厂区绿化要求，具有工厂企业独特精神风貌的工厂企业环境。

（五）校园景观设计

校园景观设计是指与校区环境相适应的物质环境和文化环境的设计，应与学校的性质和特色相符合。如中小学校园与大学校园的景观设计应有所区别。中小学校园的主要群体是青少年，他们对于学校环境的需求和喜好跟大学校园青年人有很大的差异。而大学校园根据其学校办学性质和特色在校园景观的打造方面也会有不同的要求，如理工类院校和人文类院校，其景观设计会有不同的风格和主题。校园景观设计应充分体现学校的办学特色，展现学校的文化风貌，令学校师生产生认同感和归属感。

（六）屋顶花园景观设计

屋顶花园是指建造于建筑物屋顶上的小型花园景观，是现代城市建设中具有特殊意义的一种景观类型。它能够有效地增加城市绿地面积，改善城市建筑密集区的生态环境，增强建筑楼体的防水作用，为现代建筑的生态性功能贡献力量。屋顶花园景观不同于其他地面景观，必须要考虑建筑屋顶的承重限度，选择浅根系耐旱植物以及较轻质的建筑材料，并做好建筑屋顶平面的防水防漏处理，在有限的场地范围内打造出简洁、精美、安全、经济的屋顶景观。

（七）室内景观设计

室内景观是指位于建筑室内环境中的园林景观类型，是现代建筑室内绿化的集中体现。室内景观与人的日常生活关系密切，能赋予建筑室内以舒适优美的园林气氛，能有效改善室内环境，丰富和美化建筑室内空间，净化室内空气，调节小气候，柔化生硬的建筑线条，使身在建筑中的人们感受到自然气息，是现代文明的重要标志，也是城市生态化建设的重要内容。室内景观设计同样也要考虑到场地特征，也应考虑楼层的承重、防水和植物选择的问题。

三、单元教学导引

目标

本单元的教学目标在于使学生从理论层面上把握园林景观设计的基本知识，帮助学生了解园林景观发展的历史，从而掌握传统园林与现代景观之间的区别和联系，以及中西方园林景观设计的异同，使学生有正确的园林景观设计指导思想，从理念上规范学生的设计行为，树立正确的现代园林景观设计观念，以免产生概念上的混淆。

要求

任课教师在教学过程中，应根据单元论述的基本理论框架，课堂系统的理论讲授，结合中外、古今园林景观设计的相关案例进行阐述，把现代园林景观设计的基本原理寓于生动形象的讲授之中。

重点

本单元教学内容阐述了两个方面，重点是现代园林景观设计的基础理论这一部分内容，即现代园林景观设计的相关概念和发展历史这部分的内容。现代景观设计的类型及其特征这一部分内容的学习会在后面的实践环节有针对性地重点讲解，在本单元只需要教师通过图片案例进行大致的介绍。

注意事项提示

本单元论述的内容基本理论层面的比重大一些，而且只是涉及基本框架的讲解，教师如果仅按教材内容讲的话会显得简单枯燥。若要引起学生的重视和兴趣，教师需要搜集更多的资料，做更多的准备，并以优秀的案例作为辅助教学手段。

小结要点

学生第一次进入到现代园林景观设计课后有怎样的憧憬？学习有无积极性？他们能否理解理论学习的重要性？为什么？他们对于这部分知识的接受度如何？效果如何？综合课堂讨论和作业练习指出不足与努力方向，并根据学生的信息回馈适当调整自己的授课方式和状态。

为学生提供的思考题：

1.何为景观和景观设计？

2.传统园林与现代景观设计的区别在哪里？

3.传统中式园林的特点？

4.传统西方园林的典型特点？

5.现代景观设计发端于何时？其核心理念是什么？

6.现代园林景观设计的类型有哪些？

学生课余时间的练习题：

就现代园林景观设计发展历史这一部分写一篇心得体会。

为学生提供的本单元参考书目：

曹林娣著. 中国园林艺术概论. 中国建筑工业出版社

成玉宁著.现代景观设计理论与方法.东南大学出版社

单元作业命题：

你对哪一时期或哪一种类型的传统园林感兴趣？请搜集相关资料，做成文本，附图做文字点评。

作业命题的缘由：

在本单元教学中，虽然学生对园林景观设计的概念及发展历史和类型有了基本的认识与把握，但仅仅限于理论部分的了解，而且也缺少对这些理论知识的吸收情况的反馈，因此学生应从个人的兴趣点入手，找寻合适的课题，将课堂理论知识融入个人的体会中，从而加深对这部分内容的理解，提高学习兴趣,活跃课堂气氛。

命题作业的具体要求：

1. 案例选择类型不限，中西方任何时期任何风格都可以。但必须对选择的案例有全面深入的了解。

2. 图文配合，选用质量好、精度高的图片。文字必须经过整理和归纳。

3. 多谈一些自己的体会和看法。

命题作业的实施方式：

装订成册。

作业规范与制作要求：

注重版式的编辑排列，尽量做到精美、简明。

第 2 教学单元

现代园林景观设计制图与表现技法

一、园林景观制图基础知识

二、园林景观设计平面图、立面图、剖面图与透视效果图

三、园林景观构成要素的表达

四、单元教学导引

2 一、园林景观制图基础知识

景观设计制图与表现是现代景观设计的基本语言，是景观设计从业者的必备技能，直接关系着设计师的资格认证和职业水平。学习制图表现要掌握常用工具的使用和绘图的技法，在保证制图质量的基础上提高制图效率，同时必须以国家和地区相关的制图规范为标准，严格按规范要求制图。景观设计通常是沿用国家颁布的建筑制图标准。学生应在学习过程中熟练掌握手绘制图和计算机软件辅助制图。

（一）工具

1.图板

图板是制图时所用的木制垫板。普通图板由框架和面板组成，面板称为操作面板。操作面板需平整，边框侧边要求平直，以确保直尺、丁字尺等绘图工具可在平滑严正的工作面上移动，从而才能绘制出准确的图线。图板的规则、大小的选用根据制图的要求而定。

2.三角板

三角板通常有45°、60°两种类型，是制图最基础的辅助工具。三角板可与其他尺子配合绘制平行线、垂直线以及任意斜线。

3.丁字尺

也叫“T”尺，由尺头和尺身两部分组成。尺头短，而尺身较长，且刻有尺度，两者互相垂直，其形貌似“T”字或“丁”字，由此得名。丁字尺可与绘图板结合来绘制水平线，也可与三角板配合绘制倾斜的图线或垂直线。在使用时要注意使丁字尺尺头紧贴图板侧边，画线时沿尺身的上侧自左向右而画。丁字尺应尽量保持平直，所以在日常放置时应悬挂或平放，以防止尺身变形。

4.比例尺

比例尺是一种用以缩小或放大线段尺度的尺子，是在手绘制图的过程中不用换算比例，直接在图纸上量取或画出实际尺寸的工具。比例尺的单位为米，通常有直尺形和三棱形两种。三棱尺有三个面，每个面正反标刻两种比例刻度，因此，一个三棱形的比例尺共有六种比例。直尺形的比例尺有单尺和多尺两种。比较常用的是三棱形比例尺。（图2-1）

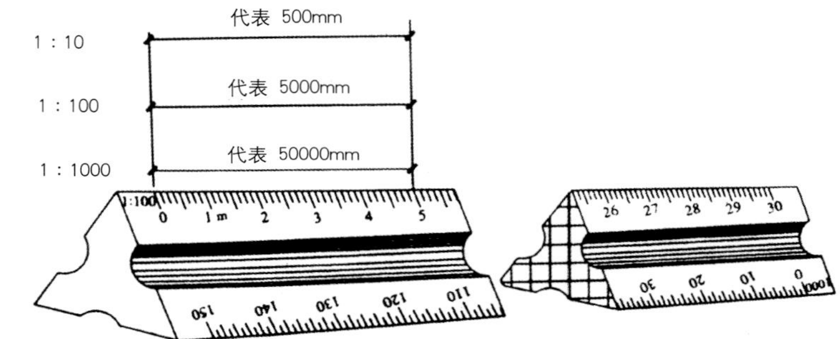

▲图2-1 三棱形比例尺。

5.曲线板、模板

曲线板是用作绘制不规则曲线的工具，如景观图中的异形建筑、环形道路、小径、水体轮廓线等等。在绘制时应注意线条的平滑衔接。模板有各种类型，如圆模板、矩形模板等各种通用的几何形模板；还有一些建筑设计制图中常用的设施模板，如家具模板、工程结构模板等等。模板可以用来辅助制图，提高制图的精确性和工作效率。

6.绘图铅笔

绘图铅笔是用来绘制图线的主要工具之一，通常用于起线稿、作草图等。根据铅芯的软硬度可将其分成不同型号。通常铅笔的型号有“B”和“H”之分，B型号分为B、2B、3B、4B、5B、6B等，数字越大，铅笔笔芯越软、越粗，颜色越深。H型号也可分为H、2H、3H、4H、5H等等，数字越大，笔芯越硬、越细，颜色越浅，HB通常是中等硬度。一般常用B、HB、2B绘制底稿或加深涂黑。还有一种绘图铅笔是自动铅笔，其铅芯也有规格之分，常通有0.5mm、0.7mm、0.9mm。

7.针管笔

用于绘制墨线图的绘图工具，它的笔尖呈针管状，其口径有0.1mm、0.2mm、0.3mm、0.6mm、0.9mm等不同的型号，可根据需要绘制出粗细精确的线条。用针管笔作图时应尽量注意将笔垂直于画面，才能画出粗细均匀的线条。绘制时尽量一气呵成，防止停顿。切勿在绘制时用力过大导致针管弯曲或折断，在不用时应盖上笔盖，防止墨水干结而堵塞针管。

8.马克笔、彩铅

马克笔和彩铅都是制作景观设计彩色平面图和效果图的常用工具。马克笔常用的有水性马克笔、油性马克笔、酒精马克笔三种。油性马克笔的色彩不溶于水，光亮透明，笔触柔和，易有变化。水性马克笔的色彩与水能相溶，色彩鲜亮，笔触较硬。彩铅是较之马克笔而言，更易于掌握的一种上色工具，其色彩种类丰富，使用方便，是快速表现的常用工具。马克笔与彩铅也可以搭配使用。

9.其他工具

除了以上几种工具外，比较常见的还有圆规、分规、裁纸刀、橡皮、胶带等等。

（二）制图规范

1.图纸

图纸是设计语言的载体，是用来表达设计意图、指导施工的重要技术文件。为了更好地制图、识图、归类、存档，国家相关法规对图纸的幅面大小规格、格式等作了统一的规定。

（1）图纸幅面尺寸、规格

图纸的幅面是指图纸的尺寸大小，园林景观制图采用的是国际通用A系列图纸。常见的几种图纸幅面尺寸见图2-2。

图纸分横式和立式两种，A0～A3通常采用横式使用，而A4常用立式。（图2-3、图2-4）

（2）标题栏、会签栏

标题栏通常位于图纸右下角，用于简要描述图纸内容。标题中应包括设计单位名称、项目名称、图名、图纸编号、日期、比例等内容。标题栏的尺寸应符合相关规范规定，长边为180mm，短边为30mm、40mm或50mm。

会签栏是用于图纸绘制的各专业人员会签所用，其尺寸通常为75mm×20mm，会签栏包括会签人员的姓名、专业、日期等内容。（图2-5、图2-6）

2.图线

景观设计制图采用的各种图线应符合如下规定：

（1）制图中常用的线型有实线、虚线、点划线、折断线，这些不同的线条在图中具有不同的作用和意义。设计师应熟知不同的线型在图中所表示的意义。

（2）表示不同内容和主次的图线有粗、中、细三种，其线宽互成一定的比例，如以b为粗线的宽度代号，那么粗、中、线三种线宽之比为b：0.5b：0.25b。根据图样的复杂程度和比例大小选用0.18、

幅面代号 尺寸代号	A0	A1	A2	A3	A4
B×1	841×1189	594×841	420×594	297×420	210×297
c	10			5	
a	25				

▲图2-2 幅面以及图框尺寸。

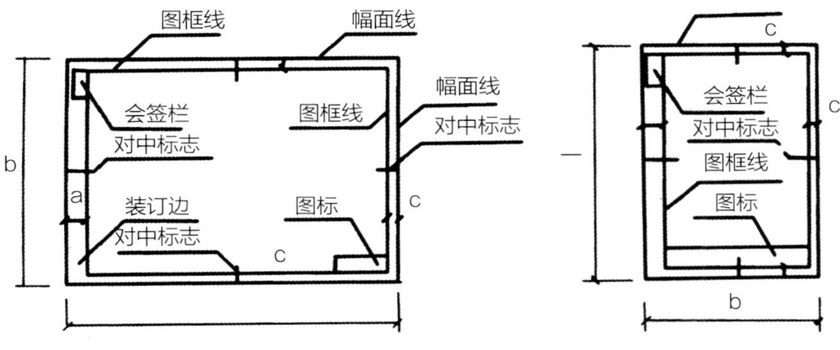

▲图2-3 A0～A3横式幅面。

▲图2-4 A4图纸立式幅面。

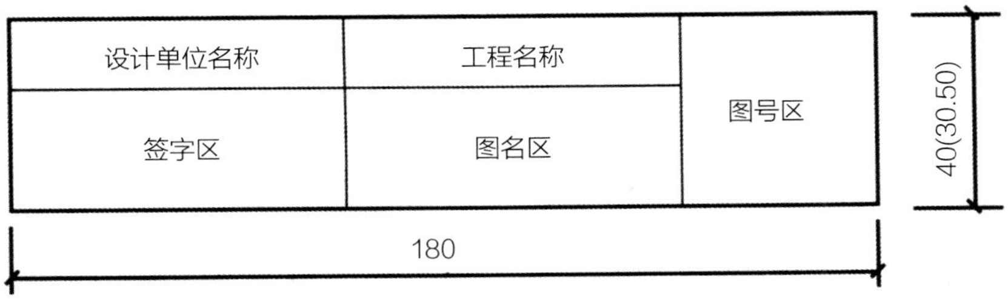

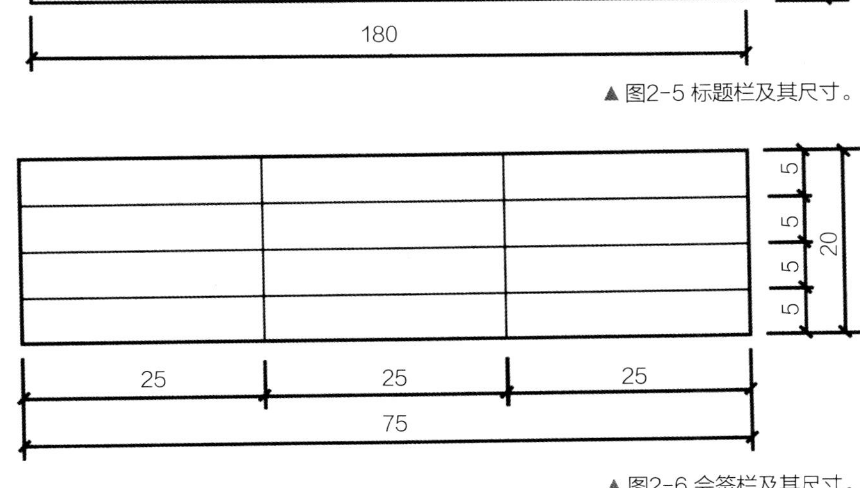

▲图2-5 标题栏及其尺寸。

▲图2-6 会签栏及其尺寸。

0.25、0.35、0.5、0.7、1.0、1.4、2.0八种线宽。同一图纸中，同类图线应选择用相同的线宽组。

（3）设计师可运用线的粗细来区别图形，表达图意。（表2-1）

3.比例

比例是指绘制的图形与实际物体之间的线性尺寸之比。景观设计图纸在完成后需打印出图以方便查阅、施工、验收之用，这些图纸应按照一定的比例来打印。比例有常用比例和可用比例两种，一般情况下用常用比例，在万不得已的情况下用可用比例。

景观设计图纸可用的制图比例很多，一般根据项目面积、所绘制的图纸类型如平面图、立面图、剖面图、详图等来选择适当的比例。（图2-7）

4.标注和索引

景观设计图纸的标注和索引是相关行业的通用语言，应严格按照制图规范的要求来进行表达，如果标注不清楚、不准确，则会造成很多不必要的麻烦。

国际规定，景观设计图纸的总平面图和标高图以m为单位，其他图纸则是以mm为单位，若采用不一样的单位，需特别注明。

（1）线段的标注

线段的尺寸标注包括尺寸线、尺寸界限、尺寸起止符号和尺寸数字四个部分。（图2-8）

（2）圆、圆弧和角度标注

圆和圆弧的直径、半径标注，在尺寸数字之前应注明半径符号“R”或直径符号“ø”。若圆弧尺寸过大，可用折断线表示，若圆弧尺寸较小则可用引线。（图2-9、图2-10）

角度标注的尺寸线用圆弧表示，该圆弧的圆心就是该角的顶点，角的两边为尺寸界限。角度数字在水平方向注写。（图2-11）

（3）标高标注

标高的符号为细实线绘制的直角等腰三角形，三角形尖端指至被标注的高度，三角形的水平线延长线为数字标注线。标高标注有两种形式：一种是绝对标高，一种是相对标高。相对标高是指地面点到假

表2-1 图线的线型、线宽和用途

名称		线型	线宽	一般用途
实线	粗		b	平面图、立面图、剖面图中被剖切的地形线；主要建筑构造和装饰装修构造的轮廓线；平面图、立面图、剖面图的剖切符号。
	中		0.5b	平面图、立面图、剖面图的外轮廓线；构配件的轮廓线；平面图中被剖切到的主要物体的轮廓线；主要景物的外轮廓线；图纸边框线。
	细		0.25b	次要景物的轮廓线；图形和图例的填充线、尺寸线、尺寸界线、索引符号、标高符号、引出线等。
虚线	中		0.5b	表示被遮挡部分的轮廓线；表示平面中上部的投影轮廓线；表示预想放置的建筑或构筑物的轮廓线。
	细		0.25b	表示内容与中虚线相同，适合小于0.5b的不可见轮廓线。
单点长划线			0.25b	中心线、对称线、定位轴线、土地边界线等。
折断线			0.25b	不需要画全的断开界线。

常用比例	1 : 1	1 : 2	1 : 5	1 : 10	1 : 20	1 : 50
	1 : 100	1 : 200	1 : 500	1 : 1000	1 : 2000	1 : 5000
	1 : 10000	1 : 20000	1 : 50000	1 : 100000	1 : 200000	
可用比例	1 : 3	1 : 15	1 : 25	1 : 30	1 : 40	1 : 60
	1 : 150	1 : 250	1 : 300	1 : 400	1 : 600	1 : 1500
	1 : 2500	1 : 3000	1 : 4000	1 : 6000	1 : 15000	1 : 30000

▲图2-7 景观图纸的常用和可用比例表。

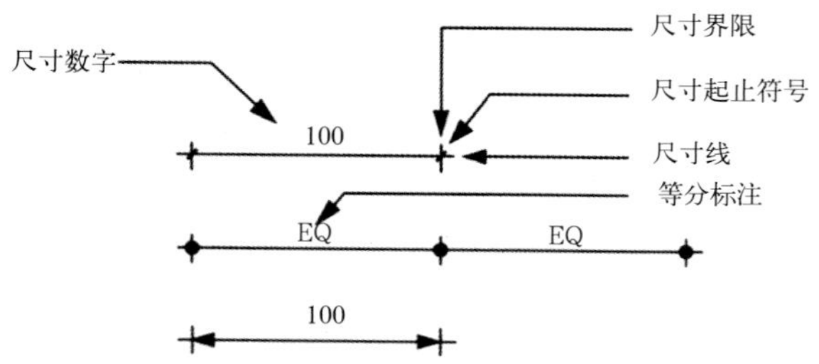

▲图2-9 线段的尺寸标注。

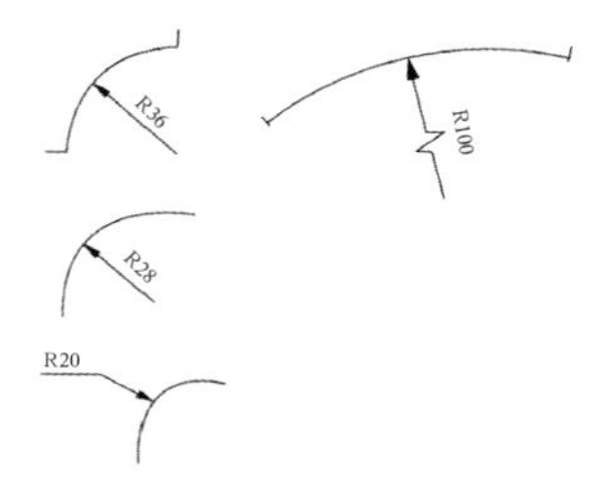

▲图2-9 半径的标注需要在尺寸数字前加“R”。

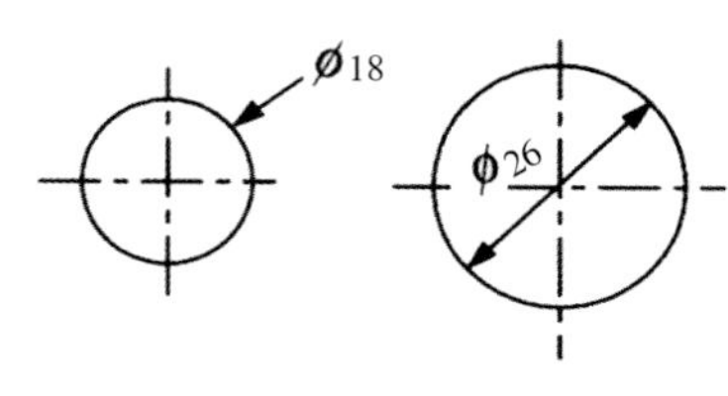

▲图2-10 直径的标注应在数字前加“ø”。

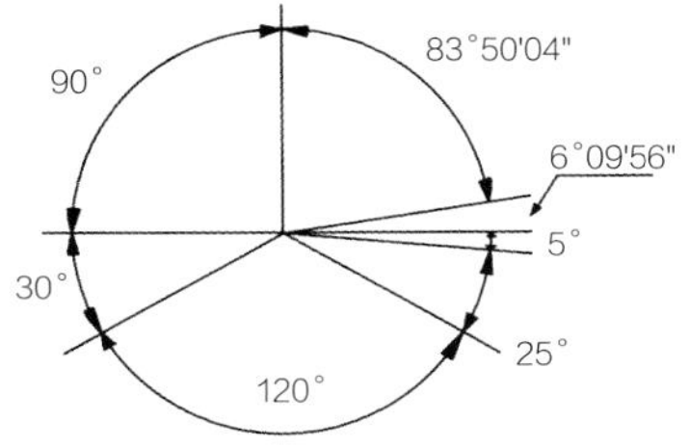

▲图2-11 角度的标注。

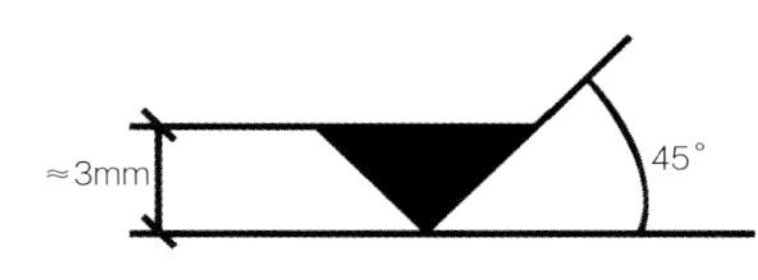

▲图2-13 总平面图室外地坪标高符号。

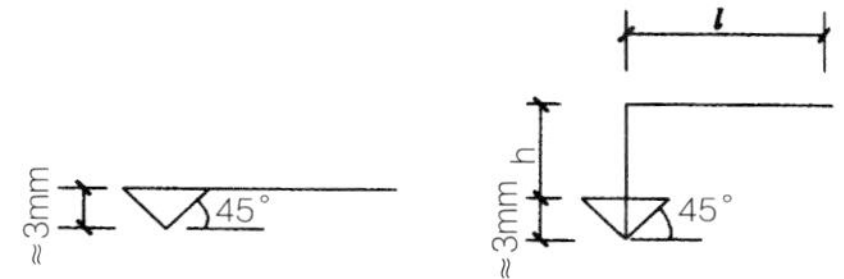

▲图2-12 标高符号的表示方法。

定水准面的铅垂标高，也称为该点的相对高程或假定高程，主要用于个体建筑物的图样上。绝对标高是指从地面点到大地水准面的铅垂距离，目前我国采用的是1985年我国制定的国家高程基准，这种标高类型多用在园林景观设计的地形图和总平面图中，其表示方法通常是将三角形涂成黑色。（图2-12、图2-13）

标高数字均以“m”为单位，标注到小数点以后第三位，零点标高表示为±0.000，正数标高不注“+”，负数标高应标明“-”。

（4）坡度标注

对物体倾斜部分的倾斜程度的表达，可用坡度来表示。坡度常用百分比、比例法来表示。百分比法是斜坡的垂直高差与整个坡度的水平距离比值的百分数。比例法通过坡度的水平距离与垂直高度的比率来说明斜坡的倾斜角度，如0.5∶1，第一个数表示斜坡的水平距离，第二个数（通常简化为1）则代表垂直高差。

坡度的表示符号是向下坡方向的箭头，坡度的百分数或数值标注在箭头线上。用比值标注坡度时，也有时用三角形标注符号，垂直边常定为1，水平边为比值数字。（图2-14～图2-16）

（5）曲线标注

景观设计中，避免不了曲线形态。对于这些不规则的曲线可用坐标法（或称截距法）来标注。更复杂的曲线则可采用曲格法标注。（图2-17）

（6）索引

绘制景观设计施工图时，为了方便查阅图纸需要用索引符号来详细标注和说明。索引符号是直径为10mm的细实线圆，过圆心的水平细实线将其分为上下两个部分，上半圆为详图编号或名称，下半圆为详图所在的图纸页码编号。若是索引标准图集，下半圆为详图所在标准图集中的页码，上半圆标明详图所在页码中的编号，并应在引出线上注明该标准图集的代号。如果是索引剖面详图，则应用粗实线标出剖切位置和方向。被索引详图的编号与索引符号中标明的编号应一致，详图编号通常标注在粗实线绘制的直径为14mm的圆中。（图2-18~图2-20）

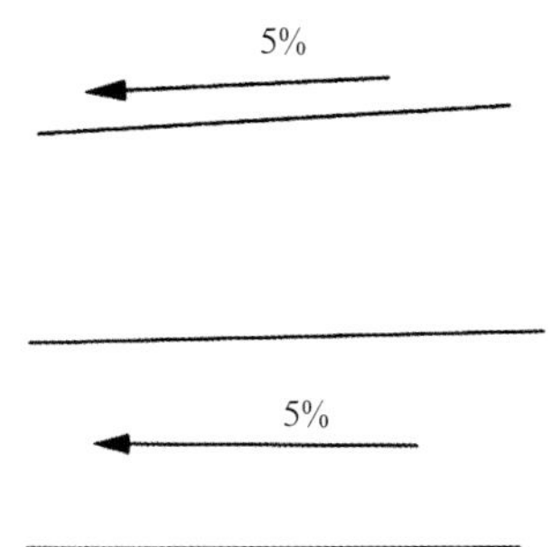

▲图2-14 坡度的百分比表示法。

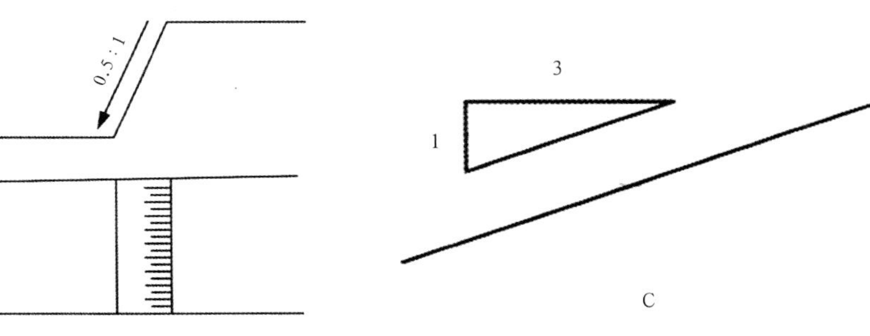

▲图2-15 比例表示法。 ▲图2-16 用比值标注坡度时，也有用三角形标注符号表示。

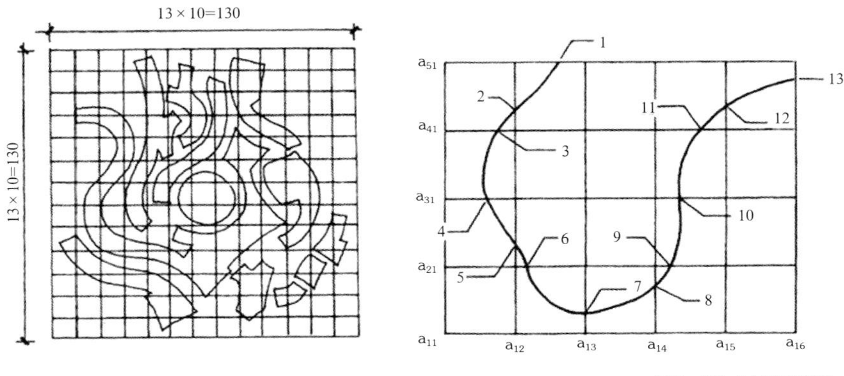

▲图2-17 曲线标注法。

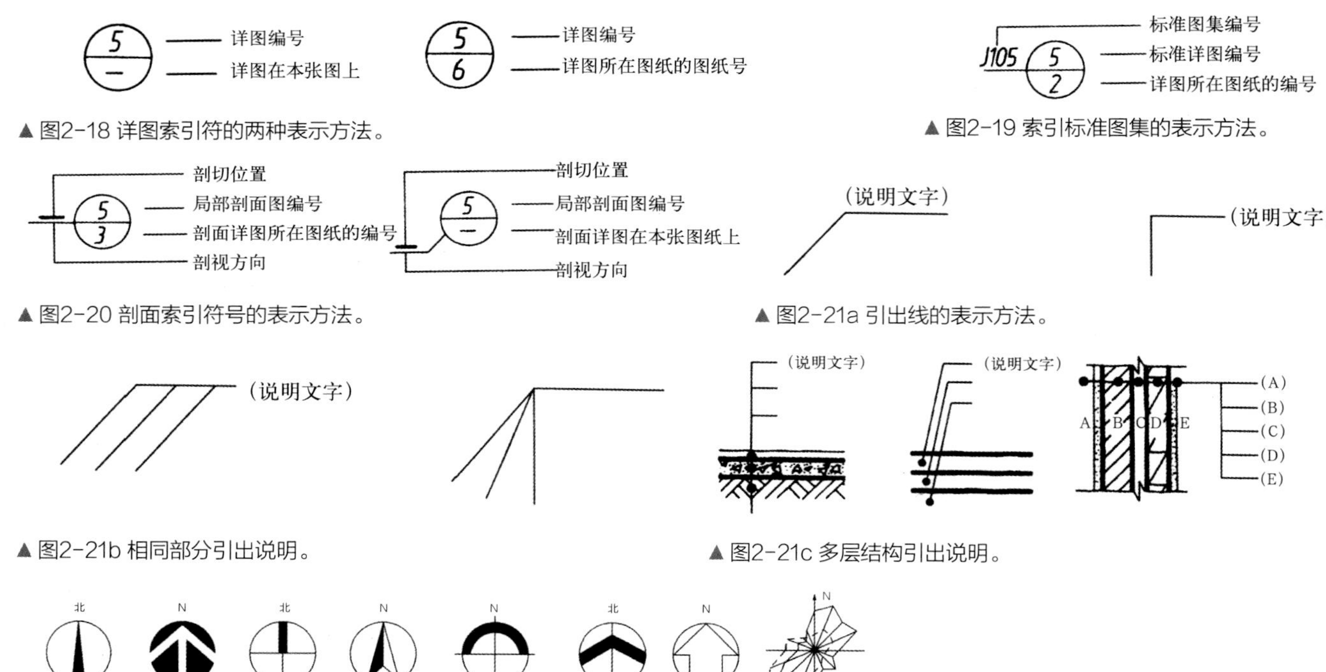

▲图2-18 详图索引符的两种表示方法。

▲图2-19 索引标准图集的表示方法。

▲图2-20 剖面索引符号的表示方法。

▲图2-21a 引出线的表示方法。

▲图2-21b 相同部分引出说明。

▲图2-21c 多层结构引出说明。

▲图2-22 指北针与风向频率玫瑰图。

（7）引出线

引出线一般是水平方向或与水平方向成30°、45°、60°、90°的细实线，或由上述角度转折的水平线。文字说明常注写在横线的上方或端部。若对相同部分引出几条引线的，可以相互平行或是集中于一点的放射线。若是对剖面图中的多层结构进行说明，则需要一条共用引出线通过需要说明的各层，再分别以引线进行说明，文字可位于引线上方或端部，其说明的顺序应与被引的顺序一致。竖向引出线的文字说明顺序应为从上到下的顺序注明。（图2-21）

5.指北针和风向频率玫瑰图

指北针是用来标明方位的符号，指针头部常标注“北”或“N”。风向频率玫瑰图是依据这一地区多年统计的各方风向和风速的百分数值，按一定的比例绘制的。风的吹向由外向内绘制，虚线表示夏季风向频率，实线表示全年风向频率。（图2-22）

2 二、园林景观设计平面图、立面图、剖面图与透视效果图

地形、水体、植物、构筑物等是构成景观物质环境的设计要素，景观设计中的平面图、立面图与剖面图是各构成要素在场地水平方向或垂直方向的正投影所形成的视图。三种图纸类型对于设计的表达至关重要，是设计思想转换为设计语言的重要方式。

（一）平面图

平面图是指景观设计诸要素在水平方向的正投影图，是景观设计中最重要的图纸类型，是各种设计要素的综合表现。无论是设计构思、初步设计、扩初还是最终的施工图阶段，平面图纸都是最关键、最不可缺少的图纸。

平面图主要用于表达景观设计项目整体环境状况，如布局、规模、形态、结构、地形等，景观设计各要素的类型、位置、形状、尺寸、材质等，景观各功能空间的类型、位置、平面形态、尺度以及构成方式等等。

不同阶段的平面图，其绘制和表现的方式也有所不同。构思或初步方案阶段的平面图更多的是概念的表达，通常徒手绘制，画面不要求精准无误，较为粗犷、潦草、概括。而扩初阶段的平面图则需要在草图方案的基础之上进行更细致准

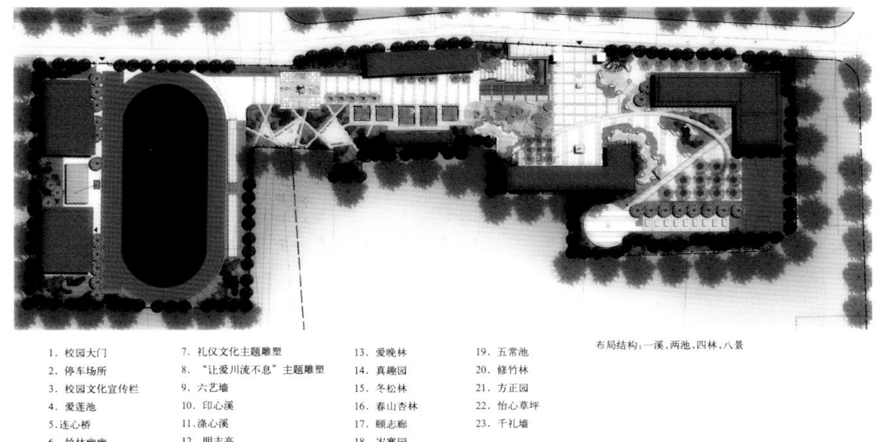

▲图2-23 方案扩初阶段电脑绘制的校园景观设计平面图。

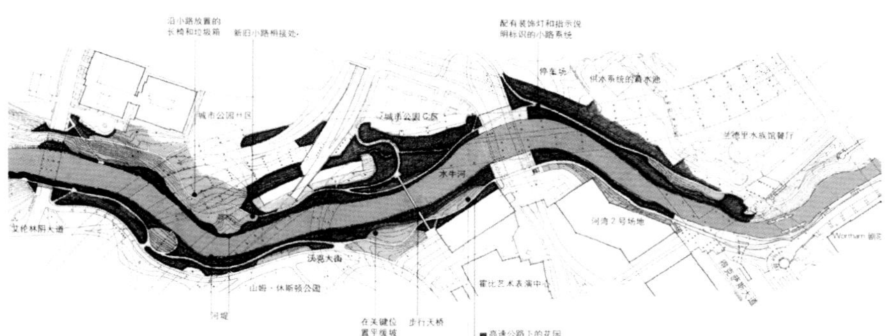

▲图2-24 水牛河步行街总规划手绘平面图。

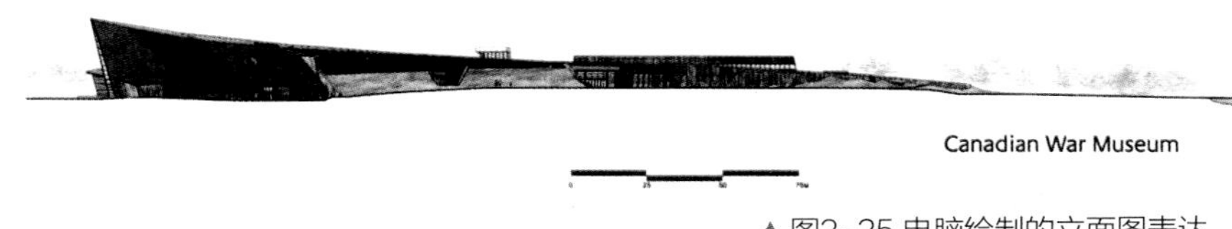

▲图2-25 电脑绘制的立面图表达。

确的推敲和细化，重视景观布局的清晰合理与景观构成要素的细致表现以及各要素形态、比例尺度的准确把握，图面美观具有艺术美感。施工图阶段的平面图，根据不同的图纸，表达内容有着各自的分类，如总平面图、放线图、索引平面图、水电平面图、植物配置平面图等等，这一阶段的平面图绘制则要求精确、详细、完整。（图2-23、图2-24）

（二）立面图

立面图是指垂直于景观设计水平面的各要素的正投影视图。根据不同的观察方向而绘制出的立面图可多方位地表达场地的情况。景观设计立面图主要用于表达场地地形变化情况以及各设计要素在地平面以上呈现出的立面形态、尺度、高低层次、组合关系等情况。（图2-25、图2-26）

（三）剖面图

景观设计剖面图是指某景观场所被一假想的铅垂面剖开后，沿某一剖切方向进行投影而得到的视图。剖面图可用来表达某地段地形地貌及地下室关系，水体的宽度和深度以及围合情况，覆土厚度，建筑物和构筑物的高度等。

剖面图的剖切位置应在平面图上标示出来，较复杂的场地可作不同方向的剖面图。

绘制剖面图时，应根据图线的粗细深浅来绘制各部分内容，尤其地形剖切线应着重加粗，建筑物剖切线次之，其他轮廓线根据其重要性选择适当的线宽。在绘制水体部分时，应表示出水位线的位置。（图2-27、图2-28）

（四）透视效果图

透视效果图比平面图、立面图更能直观逼真地反映设计内容，有效地传达设计师的设计理念和思想，增强设计表达的效果，便于甲

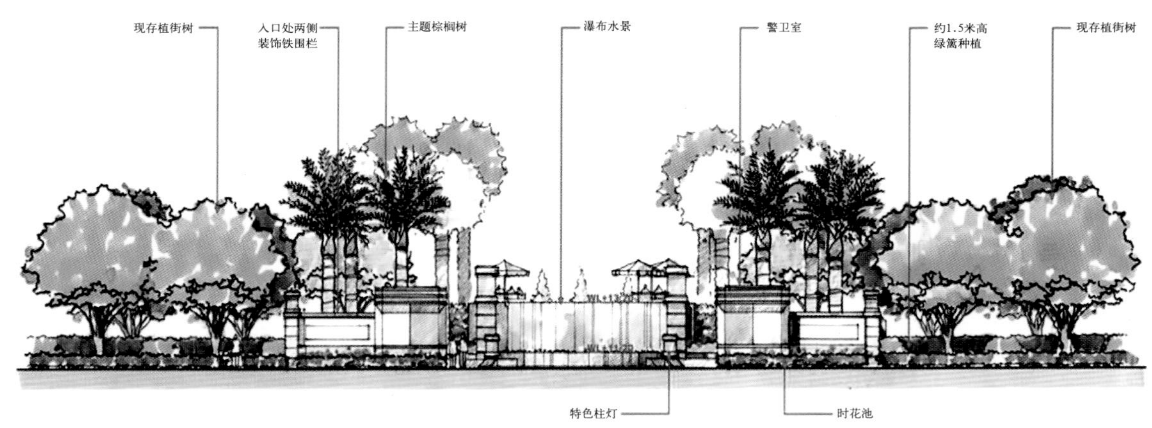

▲图2-26 手绘立面图表达。

▲图2-27 电脑制作的剖面图表达。

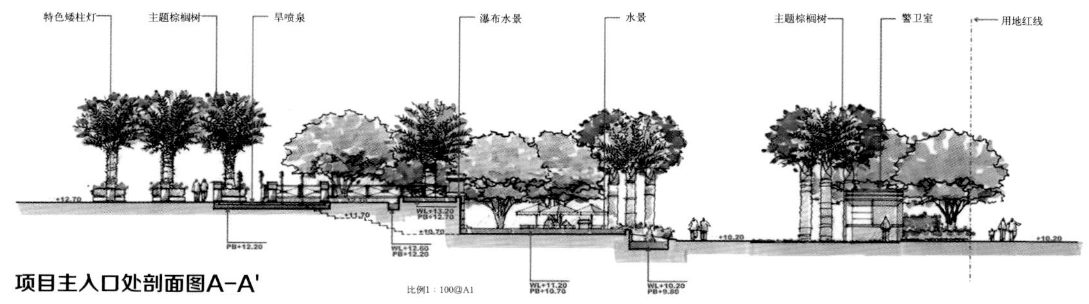

▲图2-28 手绘剖面图表达。

方或其他非专业人士理解。同时效果图的绘制还能帮助设计师完成对场所空间感觉的建立以及体量尺度的把握，完善和改进设计内容。

透视效果图有手绘表现和电脑软件绘制以及手绘结合电脑软件绘制三种方式。三种方式各具特点，设计师可根据情况选择适当的方式绘制。（图2-29~图2-31）

▲图2-29 手绘效果图表现。

▲图2-30 手绘与电脑制作结合的效果图表达。

▲图2-31 电脑制作的效果图表达。

三、园林景观构成要素的表达

（一）地形

在有效合理地运用地形要素之前，我们应该了解地形的不同表达方法。描绘和表达地形的常用方法有等高线法、标高点表示法、明暗法、计算机三维模型法。

1.等高线法

等高线法是景观设计中最常用的地形表达方式。等高线是指将地形图上高程相等的点连接而成的闭合曲线。等高差是指平面上两条相邻等高线之间的垂直距离，等高差通常标注图标上，一个数字为1m的等高差表示每一条等高线之间有1m的高度变化，除非另有标注，在同一图示上等高差的数值保持不变。（图2-32）

2.明暗法

用不同的深浅或色彩来表示不同高度的数值。（图2-33）

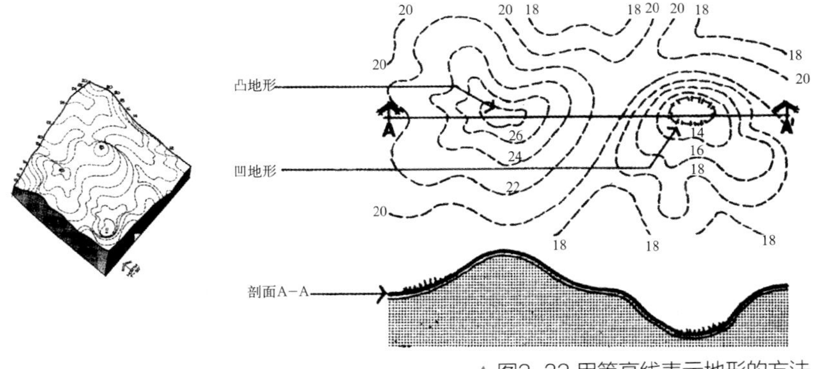

▲图2-32 用等高线表示地形的方法。

▲图2-33 地形的明暗表示法。

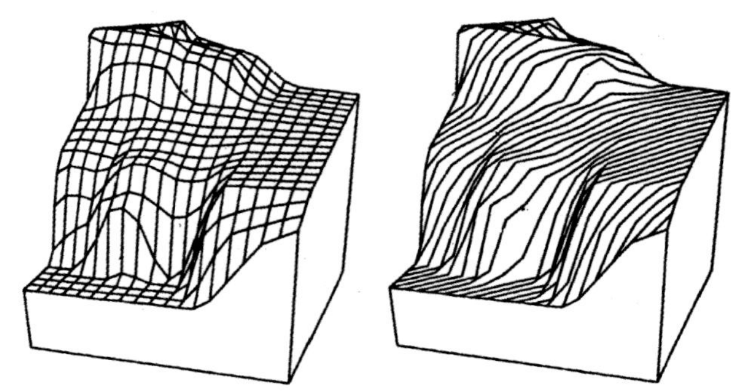
▲图2-34 计算机三维模型表示的地形更直观形象，易于理解。

3.计算机三维模型法

计算程序可以让设计者对地形的平面、立面进行充分的了解。这种方法最大的优点是能够让使用者从各个角度观察地形，更为充分和直观。（图2-34）

（二）植物

植物形态特征不一，在进行植物的表达时，应抓住不同类型植物的特征采用不同的形式来表现，并且根据自己的设计进行适当的组合搭配。

1.树木的表示

（1）树木平面表示

植物的平面是根据植物在地面上的平面投影来表达的。

树木的平面表示法大多以树干为圆心，将树冠抽象概括为圆形，以树冠的平均半径为半径来绘制，根据树种的不同，添加不同的细节以示区分。常见的植物平面表示有以下三种类型。

①概括型

用简洁的线条绘制圆形，在圆心处用小圆、点表示树干的位置，圆的轮廓线条粗细皆可。圆形轮廓可以是光滑的线条，也可以加一些缺口或外突来丰富树木形态。概括型表示法简练、抽象、随意，通常不涉及具体树种类型的表达，所以大多在树木不作为主体表现元素呈现时运用。（图2-35）

②枝叶型

枝叶型表示法是指在圆形轮廓的基础上，用线条表示树木的分枝和叶片的方法。这种方法较概括型细腻，且可以通过线条的不同组合排列来表示树种类型。比如针叶树可以用直线，或放射状直线表达分枝的情况；而阔叶树的表达可以用直线、弧线、曲线、波浪线组合，在表示分枝的同时加上对叶片群组的描绘；如果是表达常绿型阔叶树，则可以用排线的方式使其明度变深，或通过色彩来加深。（图2-36）

③质感型

质感型是指用更为细致写实的方法来表达树木的冠叶形态。这种方法着重对树木枝叶的描绘，画面效果好，但较为费时费力。在方案设计图纸中，可选择几株重要的树木采用这种表达法。（图2-37）

（2）树木的平面表示应注意的问题

①在图纸中若要着重表现树木下的花池、花台或水体时，树木的表示应简单概括，不应过于复杂而妨碍或遮挡下面的物体的表现。若是为了着重表示树木或树木群体，可以树的平面表现为主。（图2-38、图2-39）

②当遇到表示几株树木靠近的情况时，应考虑树木大小高矮不一而出现树冠遮挡的情况。若是表达大面积的树木群体时，可以让边缘线衔接在一起成为一片。（图2-40、图2-41）

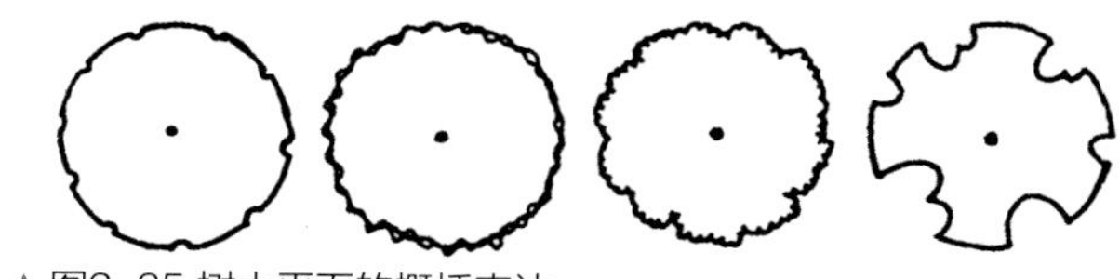
▲图2-35 树木平面的概括表达。

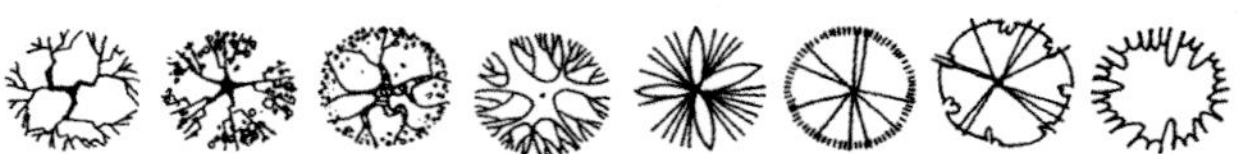
▲图2-36 树木平面枝叶型表达。

▲图2-37 树木平面的质感表达。

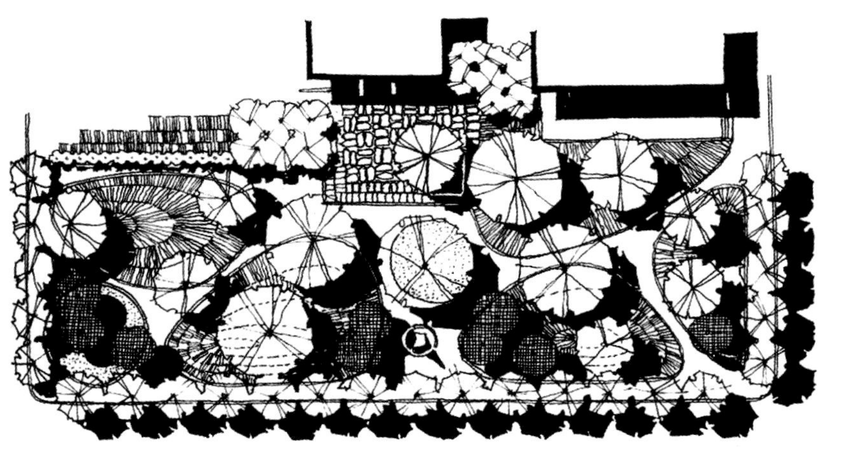

▲图2-38 强调树冠的画法。

▲图2-39 重点表现树下的景观元素的画法。

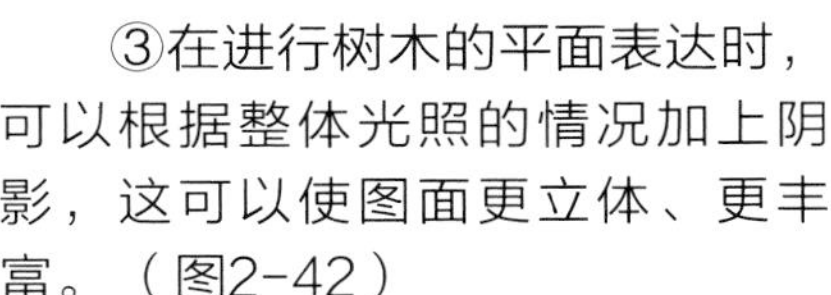

③在进行树木的平面表达时，可以根据整体光照的情况加上阴影，这可以使图面更立体、更丰富。（图2-42）

（3）树木的立面表示

树木的立面表达也可按概括画法、枝叶画法、质感画法三种类型来表达。无论姿态如何复杂的树，其立面形态都可以分为树冠、枝干两个部分。在画的时候可以先用概括的线条将树的整体形状和姿态归纳出来。如用圆形或长圆形画出树冠，直线画出树干，然后再选择适当的画法描绘分枝、叶片等等。（图2-43、图2-44）

2.灌木、地被植物的表示

（1）平面表示

灌木根据其栽种方式分为两种类型，一种是整形式灌木，一种是自然式灌木。整形灌木的平面因长期修剪多为规则的平滑状态，而自然式灌木的平面形状大多不规则。灌木通常是片植或丛植状态，枝干不明显，因此在进行灌木的表达时多以其种植范围的轮廓线进行勾

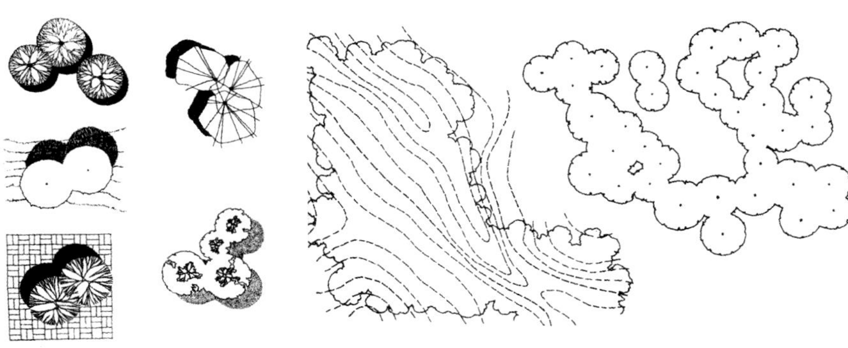

▲图2-40 多株树木树冠的衔接与避让。

▲图2-41 表示大片树木时可让边缘线连成一片。

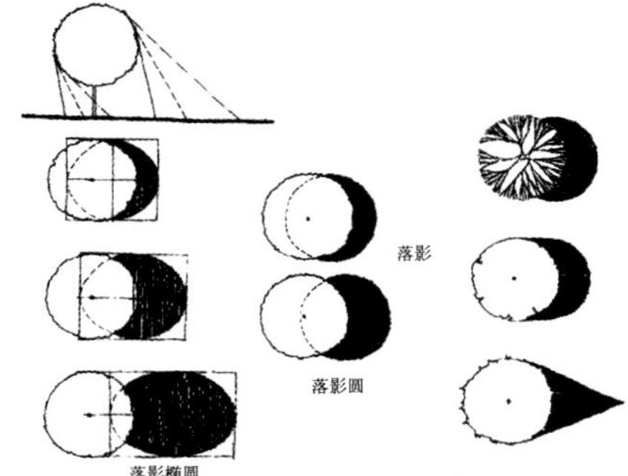

▲图2-42 树木的平面落影画法。

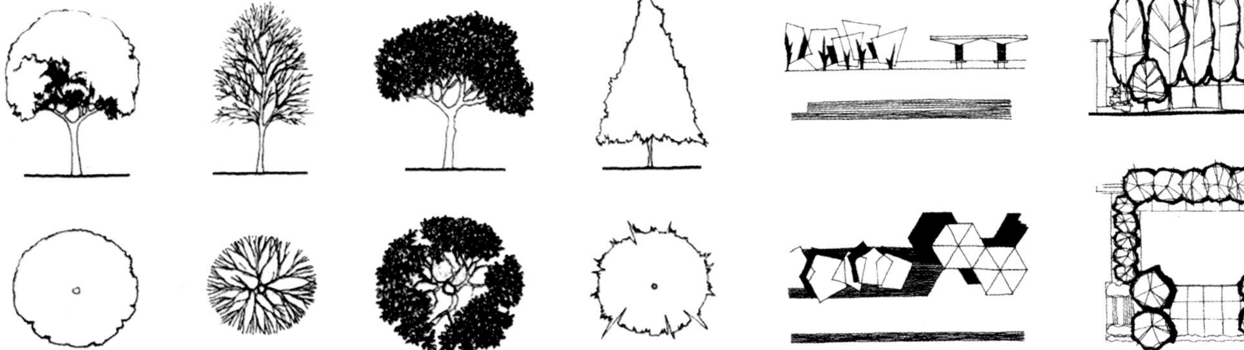

▲图2-43 树的立面画法也可按平面表达的三种类型来绘制。

▲图2-44 树的平面形态与立面表达形态应保持一致。

画，成丛、成群、成组描绘。大的轮廓线确定以后，再添加细节，如在轮廓线边缘有凹凸缺口，按枝叶法和质感法来描画灌木的枝叶情况。

地被植物的画法与灌木的画法相似，也以其栽种的范围线勾勒其轮廓，地被植物的栽种大多不规则，因此多采用不规则的线条进行勾勒。（图2-45）

（2）立面表示

灌木的立面可用两个部分来表达，先画出灌木上半部分，即枝叶轮廓线，再画出下半部分的枝干，根据情况和需要，添加细节。

3.草坪的表示

草坪大多以点、短直线、短斜线、小卷曲线、短交叉线的组合排列来表示。直线、斜线可以是整齐排列也可以不整齐排列，点的大小应基本保持匀称一致。（图2-46）

（三）水体

水体可采用水面表示法、水岸表示法或水景配合法来表达。

1.水面表示法

可用线条法、渲染法来表达。

（1）线条法

用直线、曲线、波纹线等线条平行排列的方法来表现水面。注意线条排列的长短疏密，可局部留白使画面不至于太满或呆板，也更能表达水面波光粼粼的效果。该方法适合于静态、面积较大的水体的表达。（图2-47）

（2）渲染法

用深浅浓淡不一的墨水或色彩自驳岸线起一层层渲染来表达水面的方法。（图2-48）

2.水岸表示法

水岸表示法可以用等深线画法来表达，在靠近驳岸内侧，沿驳岸轮廓线蜿蜒曲折的形态画二到三根曲线，轮廓线最粗，其他添加的曲线的间距保持自然的疏密关系。这种表示法常用于形态不规则的自然式水体。（图2-49）

3.水景配合法

水景配合法是指并不刻意描绘水体本身，而是添加一些常见的水体造景元素，营造水景效果的一种方法。如自然驳岸边的石头、假山、水生植物（睡莲、荷花、水草等）、水上建筑（水榭、廊、拱桥等）、沙滩、岛屿、绿洲、船只、戏水游泳的人群等等，这些都是常见的与水体搭配的景观元素，可以根据实际的需要选择适当的表现方式。（图2-50）

如果是瀑布、跌水、喷泉一类动态水体，则可

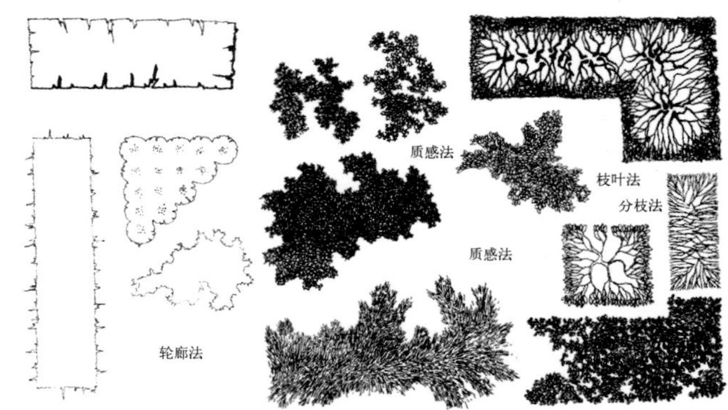

▲图2-45 灌木与地被植物的平面表达方法。

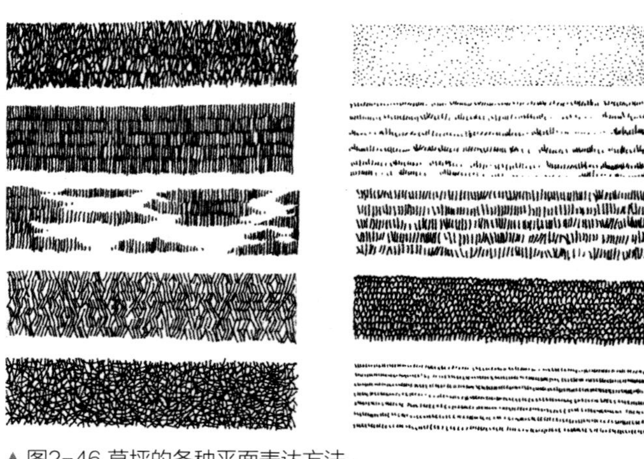
▲图2-46 草坪的各种平面表达方法。

▲图2-47 直线、曲线、波纹线长短疏密排列而形成的水面。

▲图2-48 通过浅淡不一的色彩表达水面。

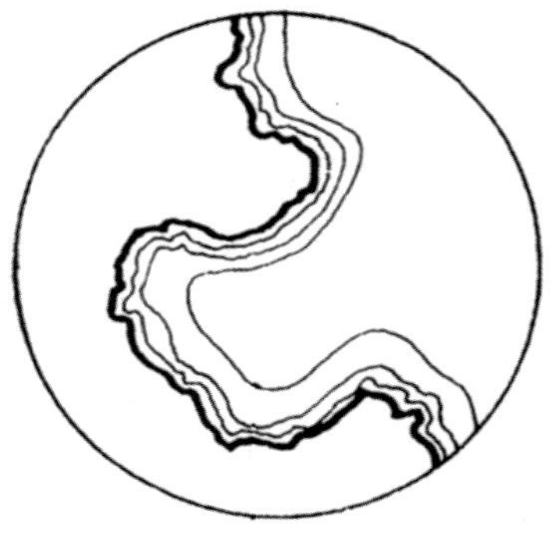
▲图2-49 不规则的自然式水体常用水岸表示法来表达。

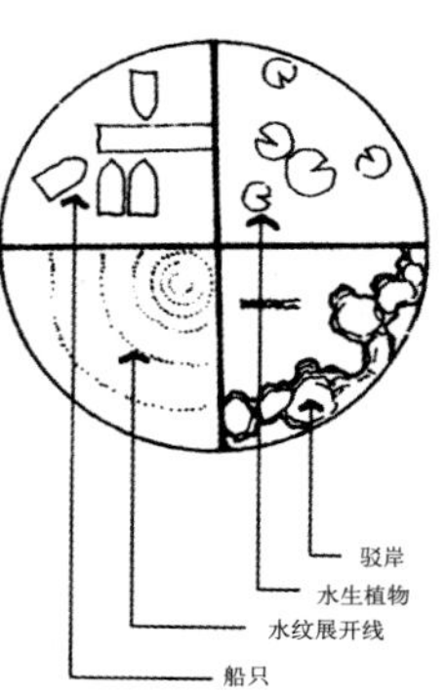

▲图2-50 通过常见的水景构成元素来表达水体。

以借助水的载体形态来表达，如喷泉和跌水的池体、瀑布后的石壁或山体等。动态水体要表示出水流跌落的力量感，水体跌落上端可以局部留白，而底部可用线条描绘溅落的水花。

（四）山石

山石的表达重在其体积感的塑造上。通常山石是用线条勾勒轮廓和纹理，轮廓线粗些，纹理的线则较细较浅，这样才不会因线条无主次关系而显得凌乱，且更能突出山石的体积感。山石形态多样，有的险峻瘦削、棱角分明，有的浑圆墩实，应采用不同的笔触线条来表现。（图2-51、图2-52）

（五）铺装

景观设计的硬质部分，如广场、道路等场所以及景墙、花池、梯步等景观元素都会涉及大量的材料铺装，这些铺装方式的表达同样也很重要。

对铺装的表达最重要的是对铺装材料的质感肌理、尺度规格、铺装纹样或拼贴方式的把握。不同的铺装材料有不同的表面肌理和纹样，在进行表达时，应抓住不同的材料特点来表现。如大理石与花岗石就有不同的表面纹理。同时，相同的材料由于其加工和施工工艺的不同，其材质也呈现出不同的质感表面，如毛面石材与抛光石材就有明显的不同。

大多材料的铺装是按一定的尺度规格铺贴的，在绘制时需根据其实际的尺寸按一定的比例进行绘制，如1200mm×1200mm与150mm×150mm铺装材料在大小表达上肯定是不一样的。

铺装拼贴方式的设计是设计师工作非常重要的一部分，尤其是方案的细化阶段，需要对铺装的样式进行较为细致的表现。铺装材料拼装方式的不同，会呈现出各种丰富的铺装纹样和图案效果。因此在进行铺装表达时，应注重对拼贴方式的表现。（图2-53、图2-54）

若要得心应手地掌握各类景观元素的表达方式，需要有一双善于观察和发现的眼睛。在生活中发现的一些好景物，可以通过自己适用的办法记录下来，比如写生、拍照等。设计无固定模式，自己还要多动脑筋，总结一些好的表现方法。当然对于初学者而言，需勤于动手去大量临摹这些常见的景观元素表达法，才可能在设计中灵活运用。

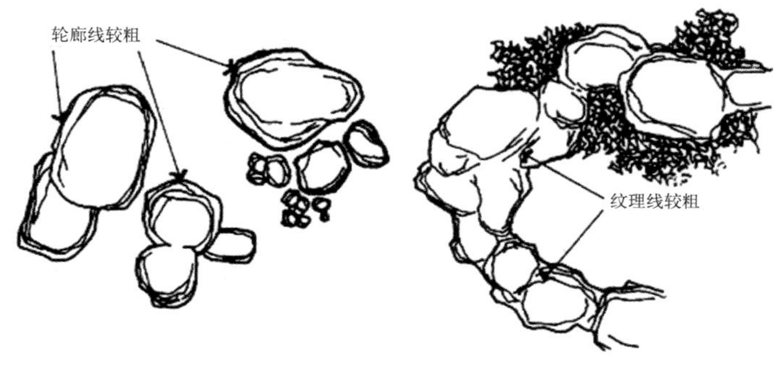

▲ 图2-51 山石的平面表达。

▲ 图2-52 山石的立面表达。

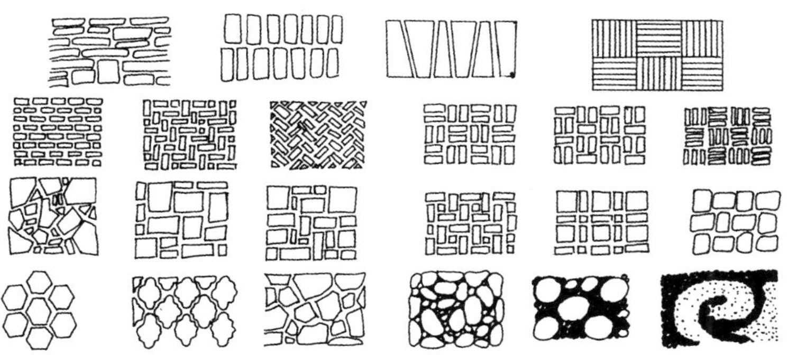
▲ 图2-53 不同的地面材料铺贴方式的表现。

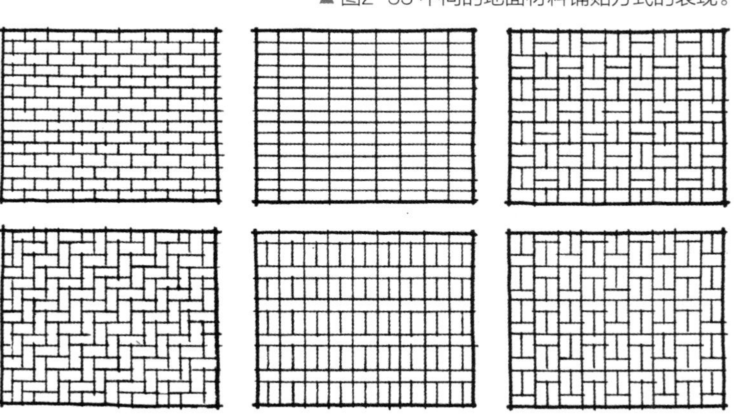
▲ 图2-54 砖的错缝、对缝、花式铺法。

四、单元教学导引

目标

本单元的教学目标是通过对园林景观设计绘制工具、制图规范、基本表达图样类型以及园林景观设计中所涉及的地形、山石、水体，植物的平面图、立面图、剖面图和效果图的表现的学习，让学生熟练掌握园林景观设计的图纸绘制和表达方式。

要求

这一部分的内容操作性比较强，要求任课教师在教学的过程中注意理论结合实践，既要口头表述绘制的方法，也要结合实际案例、教师示范、学生练习以及教师辅导、作业讲评来进行。

重点

本单元教学内容主要是针对园林景观设计表现方式的学习，最重要的知识点是制图规范、图样表达以及各景观构成要素的表达这三个方面的内容。

注意事项提示

本单元的教学内容是为后面的学习和操作打基础，如果这一部分掌握不好，就会影响进一步学习的效果。而这部分内容与理论知识的学习不同，注重的是学生对于各个知识点的具体运用，因此必须要加大学生练习的力度，尽量做到从量的积累到质的提升。

小结要点

学生对于各个知识点的掌握情况如何？他们能否认识到这部分知识学习的重要性？能否将教师所教授的操作方法用到自己的练习过程中？在做大量练习的时候能否保持学习的热情？通过练习有没有总结出自己的学习方法和表现方式？有没有进一步对本门课程产生兴趣？

为学生提供的思考题：

1.制图规范的用途是什么？
2.对于制图规范掌握了多少？
3.景观设计平面图、立面图、剖面图的意义和用途是什么？
4.效果图是用来做什么的？如何学习手绘效果图？
5.为什么要学习各景观要素的表达？如何学习？

学生课余时间的练习题：

总结园林景观设计制图规范有哪些具体内容。

为学生提供的本单元参考书目：

1.广州市科美设计顾问有限公司编著.景观设计与手绘表现.福建科学技术出版社
2.中国建筑标准设计研究院编著.民用建筑工程室内施工图设计深度图样.中国计划出版社
3.王晓俊编著.风景园林设计.江苏科文技术出版社

本单元作业命题：

1.根据教材上的图例或其他资料，临摹绘制山石、水体、植物、铺装平面图、立面图、剖面图各三张。
2.根据教材上的图例或其他资料，临摹绘制园林景观设计效果图：手绘两张、电脑制作一张。

作业命题的原因：

让学生熟练掌握园林景观设计的基本表现技法。

命题作业的具体要求：

1.选择清晰、完整、富有表现力的临摹对象。
2.作业按质按量完成，图面干净整洁。

命题作业的实施方式：

装订成册

作业规范与制作要求：

1. 所有作业绘制在A3图纸上。
2. 装订成册并设计封面。
3.注明单元作业课题的名称、班级、任课教师姓名、学生姓名和日期等内容。

第 3 教学单元

现代园林景观设计的基本程序

一、前期准备

二、方案设计

三、施工图设计

四、单元教学导引

园林景观设计涉及的专业领域宽广、内容复杂，从最初的前期准备到方案初步设计，再到最后设计实施，是一个工作任务重、涉及工种多、时间周期长的过程。为了便于初学者熟悉景观设计的基本操作程序，本单元将整个设计过程分为三个大的阶段，即前期准备阶段、方案设计阶段、施工图设计阶段。每一个阶段都有不同的工作内容和要求，都会有需要完成的工作任务以及需要解决的实际问题，每一个阶段对于图纸表达的要求也不一样。

3 一、前期准备

对于任何一个景观设计项目，在进行正式的方案设计之前，都要做一些必要的前期准备工作。在这一阶段，涉及的工作内容主要集中在三个方面。

（一）阅读设计任务书，掌握设计项目的相关信息

在设计之前，设计人员应充分了解设计委托方的要求，诸如设计委托方对项目的工程造价、建设规模、时间期限、设计目标、设计期望，甚至项目设计风格等方面的要求，这些要求是设计师进行设计的根本依据，指导设计人员作出正确的判断和进行相应的工作安排。

在这一阶段，设计委托方通常会提供项目的原始图纸，设计人员应仔细查阅相关图纸，从而对基地现状及其相关情况有一个大致的了解。比如通过基地地形及现状图了解基地的地形、标高、坡度情况，设计红线范围情况以及基地原有景观和设施情况等，通过市政管线资料图可了解基地管网位置情况等。

本阶段很少涉及图纸方面的工作任务，主要是以文字阐述为主的相关工作。

（二）基地调查和资料收集

了解并掌握了任务书的要求之后，就应该进行基地调查工作，查勘基地和周边环境情况，收集和掌握第一手资料。

基地调查可着重了解以下内容：

1.基地的自然环境调查

查勘基地现场的地形情况，如地形高差、坡级分布、坡度的陡缓等。它们关系到合理用地、植被种植、给排水等内容。查勘基地现场是否有水体，水体现有位置、水域面积、水体形态、平均水位、水体周边环境、水体流向、水生植物以及水体与外部水系有无关联等。水体是重要的景观资源，如果基地有现存水体，则要考虑是否能够利用、如何利用的问题。上述调查则是为了合理利用所作的准备。查勘基地现场的植被情况，了解现有植被的种类、分布、数量。对于需要保护的树种，可与原始图纸对照，将其种类、位置在图纸上标示出来，而对于规模较大、种群复杂的林地则需要参考相关部门的专业调查结果。

2.基地气象环境调查

气象资料是指基地的日照、温度、风、降雨、区域小气候环境等气象条件。这些要素是设计过程中重要的参考资料，对基地气象条件的全面了解可指导设计人员做出科学合理的方案。如一些需要较好日照环境的场所或建筑物则可设置在日照条件较好的位置。了解这些还可以帮助设计师确定植物的栽种配置区位分布，喜阴的植物应栽种在北向空间，而喜光的植物则相反。常年北风主导的区域可种植绿篱、高大的植物或修建建筑物、围墙遮挡。而朝阳或东南向空间可设置人的活动空间，植物搭配以低矮乔灌木或草坪为主。这一部分的调查可借助气象部门的资料进行。

3.基地人工设施调查

基地人工设施调查即是对基地现有建筑、构筑物、道路交通、广场以及各种管线设施等情况的调查。这些内容在阅读原始图纸时已经有了一定的了解，现场调查可使图纸上的内容更具体、直观。同时对照图纸内容，查看是否有缺漏或误差，若存在这种情况应及时修正以免在之后的工作中产生问题。

4.基地现有景观条件调查

在进行景观项目的设计时应充分利用现有的景观资源、人文条件，将基地中的山水、植被、建筑物等元素标示在图纸上，然后从形态、方位朝向、思想文化、社会情感、历史渊源等各方面进行分析，评估其利用价值，思考其利用方式。

5.基地人文环境调查

除了收集整理以上基地调查的资料之外，还有一些项目涉及基地历史文化方面的内容，如当地的地域文化、人文风情、历史沿革、神话传说等等，这些资料可能成为该项目景观规划设计的文化背景或灵感源泉。

基地调查应针对具体项目的具

体要求有针对性地进行，重要的因素应进行深入详尽的调查，次要的因素作概略的了解。调查所获取的信息可以通过在原始图纸上进行标记的办法记录，还可以借助拍照、录影或速写的方式辅助完成。

（三）设计分析

调查只是手段，将收集到的资料进行综合分析才是调查的目的，只有对各种因素进行梳理、整合、分析、评估，才能充分利用优良因素，规避不良因素，最大潜能地发挥基地的价值，帮助设计人员进行科学合理的规划设计。这一阶段的工作任务可以用图画或图解的形式配以文字说明来表达。（图3-1、图3-2）

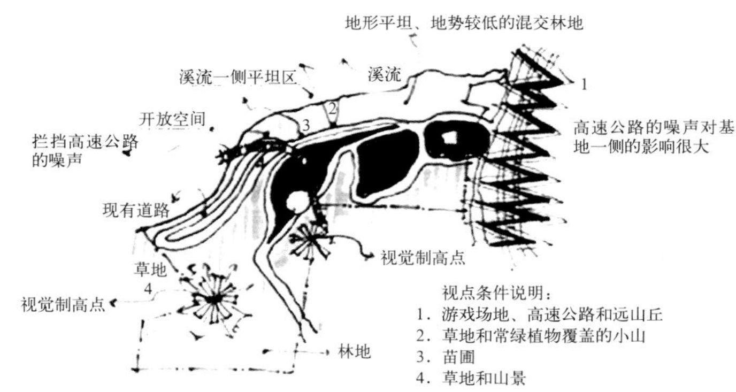

▲ 图3-1 基地现状分析图是设计师在对基地现状作充分的调查了解后，通过对基地地形、基地现有景观条件、视觉条件、周边环境的干扰因素等情况进行全方位分析所得出的图样。该分析图对于景观空间布局有很重要的参考价值。

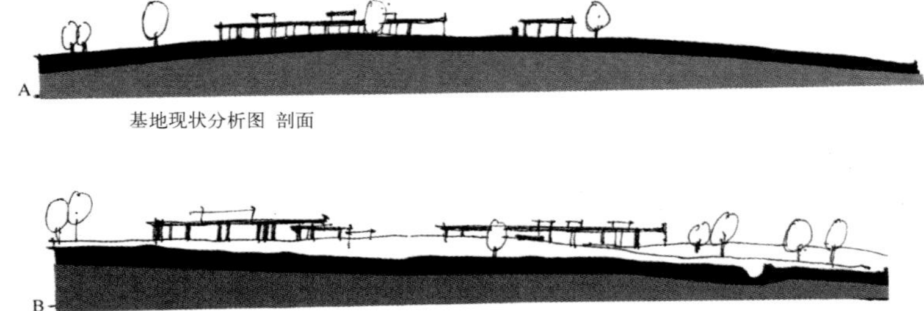

▲ 图3-2 基地现状的剖面分析图，是基地原始地形高差情况以及原有植物、建筑的位置和尺度情况的直观表达。

3 二、方案设计

通过前一个阶段的准备工作的学习，我们已对项目有了全面的了解，在这个基础上就可以进入方案的初步设计阶段。

（一）设计理念的确立

方案设计之初，最为重要的就是设计理念的确立。任何一种设计都会有一个主导的设计理念，这个理念会贯穿设计始终，好的想法和理念是建立在设计师对项目各方面情况的认知、了解基础之上的。

1.设计目标和定位

设计的目标是指设计师以及设计委托方对项目的预期效果，而设计定位则是设计师为达到预期效果而必须要遵守的规则，如果设计定位不准确，会导致最终结果偏离设想。影响设计定位的因素包括设计项目的限制性条件、使用目的、风格定位、特色体现四个方面的内容。

（1）设计项目的限制性条件

方案设计时应充分考虑客观的限制因素，如项目投资额度、预算、用地条件、相关政策法规、技术条件等，这些限制条件是设计的前提和基础，是设计定位的重要参考。

（2）使用目的

项目建设的使用目的是什么，主要有哪些功能与使用要求，为哪种人群的需求而修建等。不同使用目的、人群、功能的项目，其设计的方法和内容会有很大的不同，当然也会影响到设计师对项目的设计定位。（图3-3～图3-6）

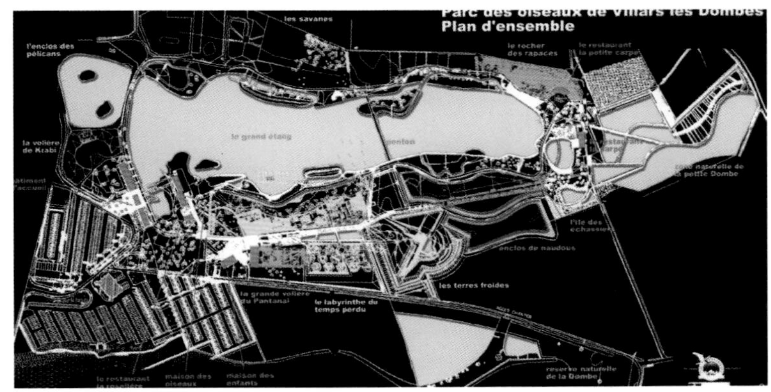

▲ 图3-3 鸟类公园方案平面图，公园建造的目的是为来自四大洲的各种鸟类建造原始自然的生长环境。

（3）风格定位

项目委托方在交付设计任务书时，对项目的设计风格有一定的愿望和期待，设计方应充分尊重委托方的要求。而一些项目在进行景观设计之前已有总的环境规划或建筑规划，景观的风格应与总规划或建筑规划的风格保持一致。

▲ 图3-4 该公园的景观设计理念是将其打造为一个异域风景与地区本土景观相结合的园地。

▲ 图3-5 这是一个为禽鸟所精心营建的栖息地，但也为游人的观赏提供因此公园的设计在不干扰鸟类生活的条件下充分考虑到游客的游览观赏

▲ 图3-6 法国里昂市隆河堤岸步道景观，在隆河沿岸的旧码头原本位所占据，里昂市府决定重新利用这块土地，并将其定位于一条以"通"为主的道路，使其为步行者服务。

（4）特色体现

设计师在遵守硬性规定的情况下，应发挥其主动性，勇于创新，打破常规，确立项目设计的特色。

2.构思立意

构思立意则是在基于以上工作之后，设计师对于设计方案的总体概念的确立。虽然某些优秀概念的形成可能来自偶然间的灵感迸发，但绝不是无源之水，不是天花乱坠的瞎想，而是根据项目本身的特性和要求通过大量的思考与长时间的推敲积累的结果。因此在这一阶段设计师要做大量的准备工作，对设计项目有深入全面的了解，当然也要求设计师本身具有良好的文化素养和知识背景。

通常而言，设计概念形成的出发点基于三个方面的考虑，即文化诉求、情感诉求、功能诉求，设计的主导概念可以其中某一个方面为主，或三者兼而有之。

（1）文化诉求

与文化诉求相关的设计概念是设计项目在思想文化方面的集中体现，是设计师对设计场地所特有的文化因素的感知、观察、总结和提炼。（图3-7）

（2）情感诉求

以可使人产生情感共鸣甚至于情感升华的元素作为设计主导概念，这需要设计师能够敏锐地把握场地特有的情感特征，使其为主题服务。具有情感感染力的设计主题，常见于纪念性景观设计中。（图3-8~图3-10）

▲ 图3-7 新西兰马努考城市广场，设计师通过抽象的设计手法表现南太平洋各地的地域风情及民族文化，体现了新西兰多元化的文化特色和人文内涵。

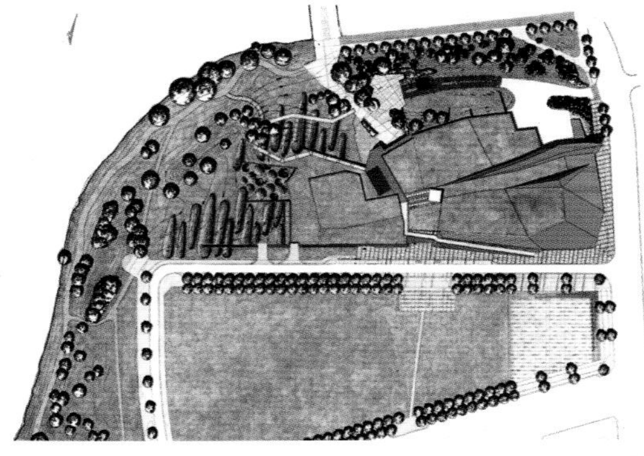

► 图3-8 加拿大战争博物馆景观设计，建筑形态与景观融为一体，屋顶绿地与地面绿地连成一片；绿地上田鼠、小鸟象征着生命；结籽的草类、野花在冬天死去，又在第二年春天再次生长，体现重生的主题。该设计用纯洁、谦逊的语言表达出对战士的纪念和崇敬，以及对战争的反思。

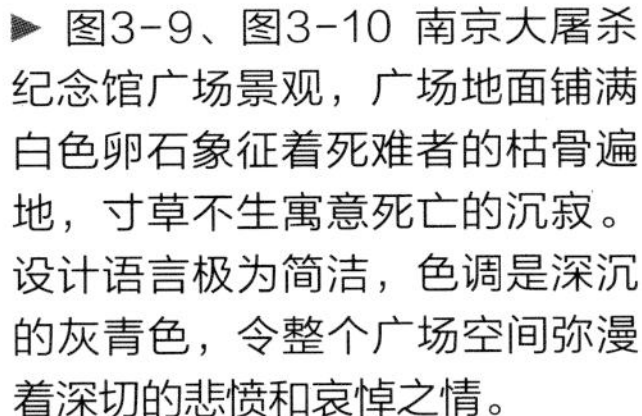

► 图3-9、图3-10 南京大屠杀纪念馆广场景观，广场地面铺满白色卵石象征着死难者的枯骨遍地，寸草不生寓意死亡的沉寂。设计语言极为简洁，色调是深沉的灰青色，令整个广场空间弥漫着深切的悲愤和哀悼之情。

（3）功能诉求

功能诉求是指有目的地解决特定问题，并以其作为设计的主题概念，其主要内容大多是解决方法、解决过程、解决结果或是通过概念性设计进行相关探讨。（图3-11）

构思立意通常会用到联想、象征的手法，一些典型的文化符号、自然元素、哲学思想等甚至会主导整体设计的规划布局或成为主要的形式语言。（图3-12、图3-13）

▲ 图3-11 费义逊自然公园设计，原场地是一块由河流冲积形成的森林地块，有着地下水位下降的地质问题，该自然公园设计充分尊重基地的原始特质和当地公众的使用需求，运用全新的纯自然式的设计理念创造出一片自然而宁静的城市开放空间。

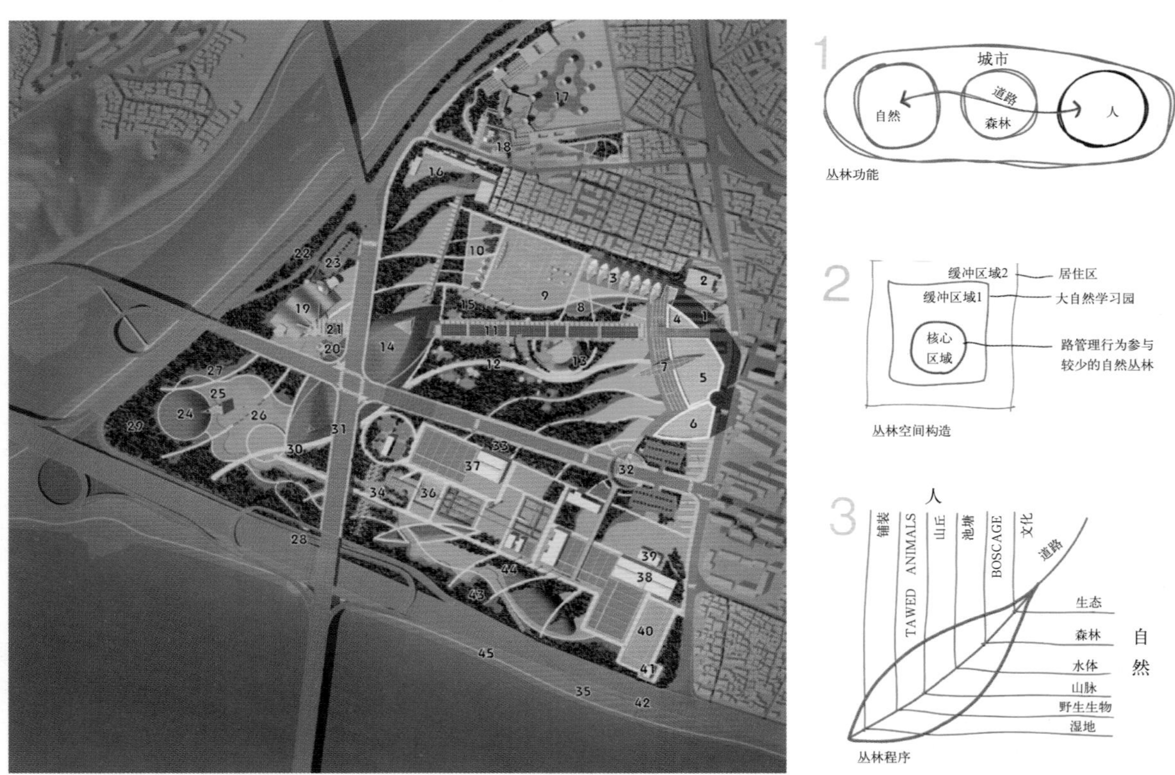

▲ 图3-12 韩国大堤岛景观规划设计，以丛林作为主题概念，意图在城市中创造一个联系城市与自然的通道。设计者撷取了叶片这一自然界中最为常见的元素作为主要的设计语言，并通过对丛林结构的分析确定了整个景观空间的构成。

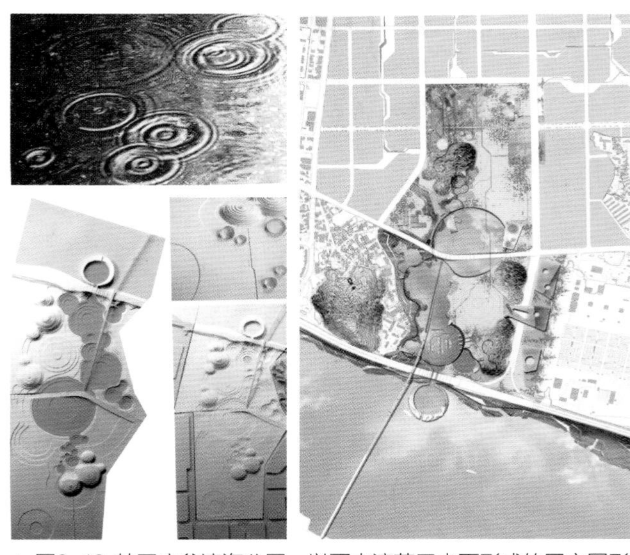

▲ 图3-13 韩国麻谷滨海公园，以雨水滴落于水面形成的同心圆形状作为主要设计元素。

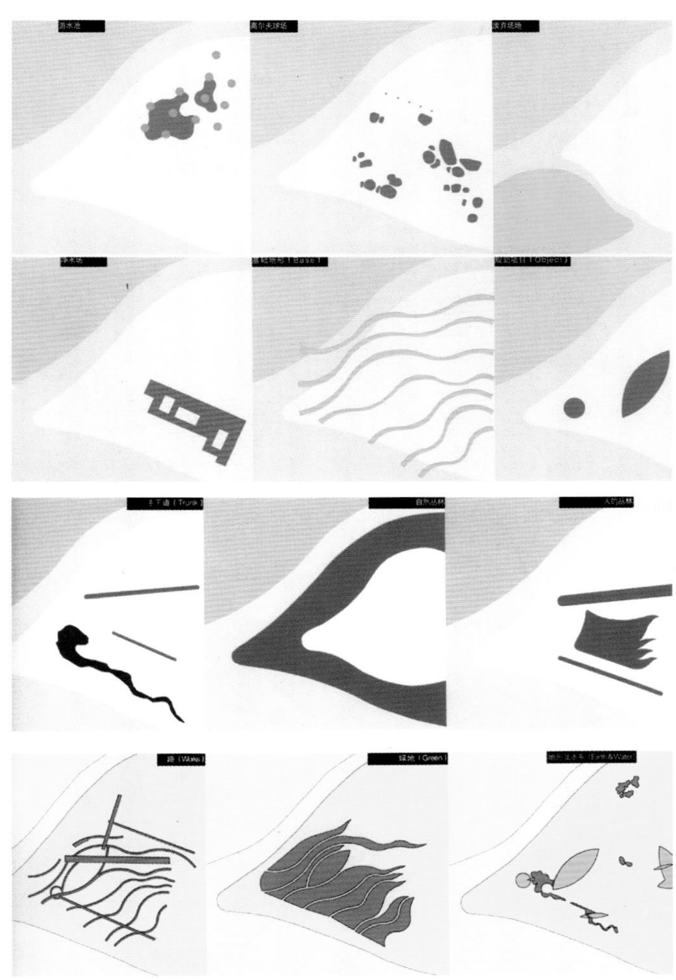

▲ 图3-14 大堤岛丛林景观方案设计之功能分区图解，将不同功能区域分解开来深入分析。

（二）初步方案设计

方案的构思立意确定之后，就是初步方案的规划和设计。这一阶段最为重要和首要的就是功能分区，功能分区是景观空间的基本构架，也是使景观空间产生效用的基础。

1.功能分区

任何一个景观用地都有特定的使用目的和功能要求，这决定了功能分区的具体内容会因景观类型的不同而有所不同。如公园的功能分区与住宅小区的功能分区会有不同的标准，广场与步行街在功能上的要求也不一样。进行功能分区的第一步就是要确定景观用地的性质，然后再决定划分哪些功能空间，如何划分这些空间，每个功能空间之间的组合关系和分隔方式等等。

在进行功能分区之初可以采用泡泡图解法来表达，这种方法可以帮助设计师进行快速的构思，确定不同功能空间在平面上的大小、位置、联系、分隔等内容。可以用圆或矩形表示不同功能空间，点、线表示其中的穿插关系和重要景点设置，箭头表示景观视线、交通流线等。采用这种方法作图时，不要过多拘泥于形式的具体细节，而是要把功能空间分布的合理性放在第一位。（图3-14）

在功能关系图解的基础上进一步深化，确定平面形状，各功能空间的位置、面积和形状，道路的分布以及景观设施的位置等内容作总平面布置图。（图3-15）

通常而言，景观环境的功能空间主要有以下三种类型：

（1）活动空间

活动空间是为人们休闲、社交、娱乐等活动提供的各种不同类型、不同规模的空间场所，如出入口广场、中心广场、休闲场所、儿童游戏场所、健身场所等等。

（2）道路体系

道路的规划设计非常重要，它是空间分隔的重要手段，又是联系不同景观空间和组团的纽带，是人

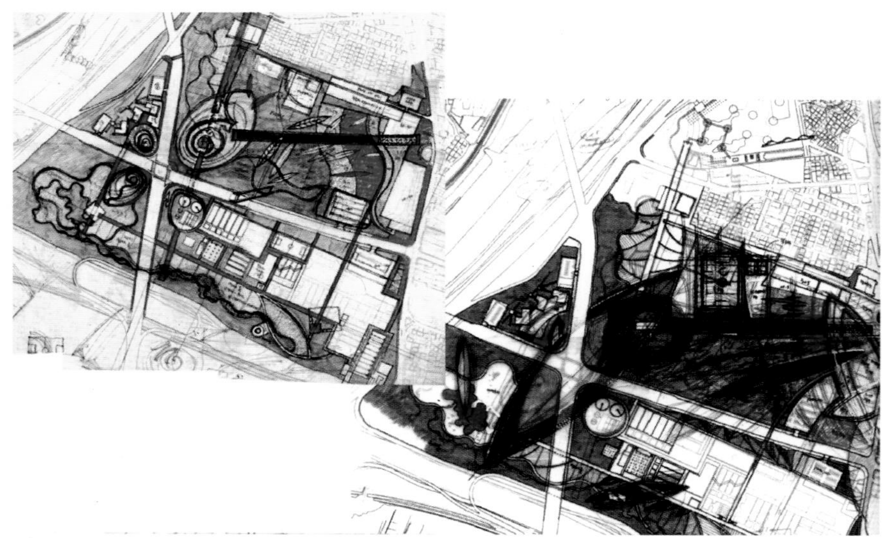

▲图3-15 大堤岛丛林景观总平面方案设计草图，这一阶段采用手绘方案更能促进设计师的思考。

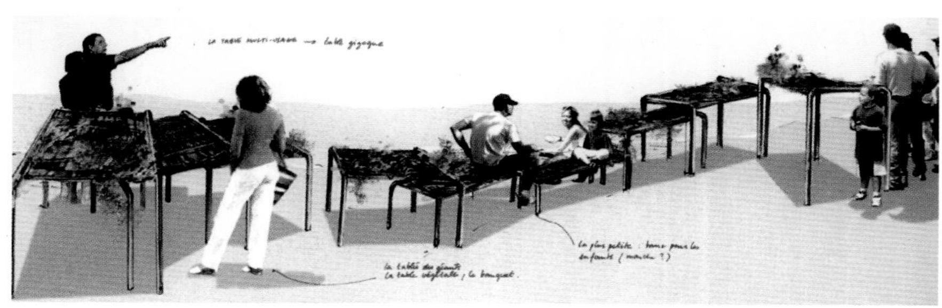

▲图3-16 景观小品设计效果示意图。

流、车流、货流流通的保障。道路设计首先要满足功能需求，且符合审美的需求。

园林景观道路通常按其功能分为主干道、次干道、人行道、园路四种，设计时既要考虑不同道路功能的独立性也要考虑其间的贯通性，既要各司其职互不干扰又要互有交叉、方便快捷。在泡泡图解法中，可以用不同粗细的虚线或不同颜色的线来表示不同类型的道路穿插关系。

（3）绿地体系

绿地系统的规划是现代景观设计中一个重要的组成部分，国家城市用地标准中，将绿地分为公园、街头绿地、公共绿地、配套公建所属绿地、道路绿地等种类，进行规划时应将项目中涉及的绿地进行归类，并按不同类型进行有针对性的规划配置。

2.方案细化

在功能分区图的基础之上，将理性分析的结果、美学观念结合设计主题概念转化成具体的设计内容，通过相应的形式语言表达出来。此时空间的形态不再是用简单的圆或矩形表示，而是落实在具体的形态和内容之上，要求功能与审美统一，有准确的比例尺度关系和细节表达。这一阶段除了对各功能空间的细化之外，还包括以下两个内容：

（1）景点设置

活动空间、道路、绿地是景观空间的脉络和框架，常以带状或面状方式呈现，而景点则位于框架之中，以点状分布。景点通常是一个景观空间或组团视觉审美的焦点，具有点题的作用。在考虑景点设置时，除了满足景点在景观空间中的审美需求外，还应根据其所在的空间位置、功能进行设计，使其与空间本身的特性相符合，充分发挥景点在交通、游赏、汇聚等方面的作用。

（2）景观小品和设施设计

在方案设计阶段就应该根据景观空间功能分区的内容和要求，初步确定景观环境中的小品和设施的类型、位置、数量、造型、风格等问题。景观小品和设施是指园林景观建筑、构筑物以及各种服务设施等。服务设施包括各种活动导引设施，如标志牌、路牌、警告牌、宣传牌、说明牌等，除此之外还包括如电话亭、公共厕所、垃圾筒、树池、休息座椅等。景观环境中小品和设施有着特定的功能作用，它们使景观空间使用功能得以充分发挥，同时它们位于特定的空间之中，与空间环境以及其他环境要素间有着密切的联系，是景观空间中不可或缺的组成部分。因此在初步方案设计时就需要对它们进行整体的考虑和规划。（图3-16）

3.图纸内容与要求

这一阶段需要完成的图纸内容有总平面图、总体景观设计分析图、主要剖面图、主要立面图、实景意象图片、景点效果图以及方案设计说明。

（1）总平面图

总平面图应包括的内容有平面方案布局设计、各功能空间及景点名称、简单的文字说明、比例尺度、指北针、剖面与立面位置标注、经济技术指标等。

（2）分析图

分析图包括景观视线分析图、景观组团分析图、交通流线分析图、消防分析图、景观轴线及景观节点示意图等。（图3-17～图3-21）

（3）主要剖面图和立面图

主要剖面图和立面图包含主要景点与规划场所的剖面图、立面图。（图3-22、图3-23）

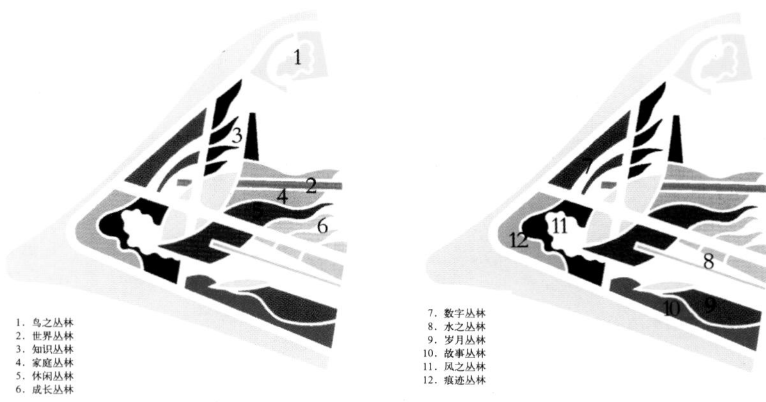

▲图3-17 大堤岛丛林景观组团分析图，用色块和编号标明不同的景观组团。

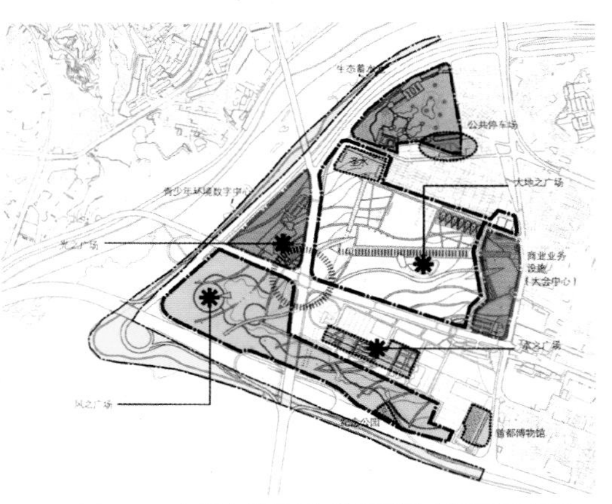

▲图3-18 大堤岛丛林景观重要景点标识示意图。

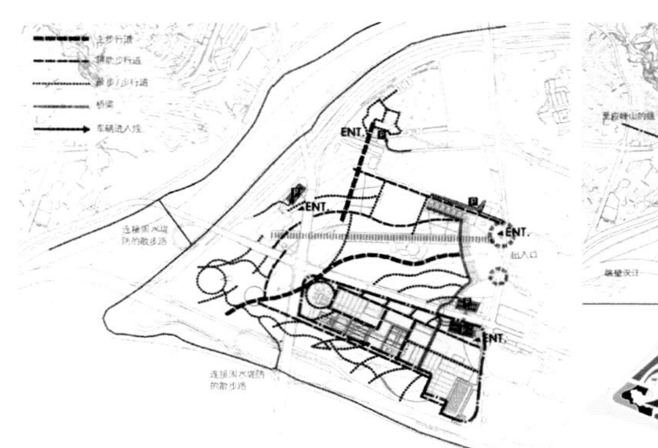

▲图3-19 大堤岛丛林景观交通流线分析图。

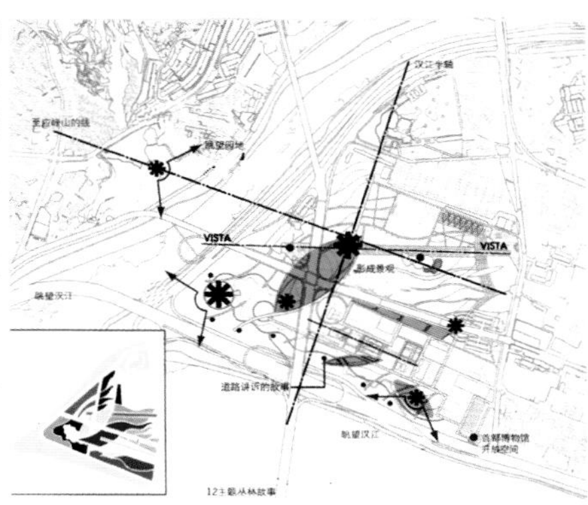

图3-20 大堤岛丛林景观视线分析图。

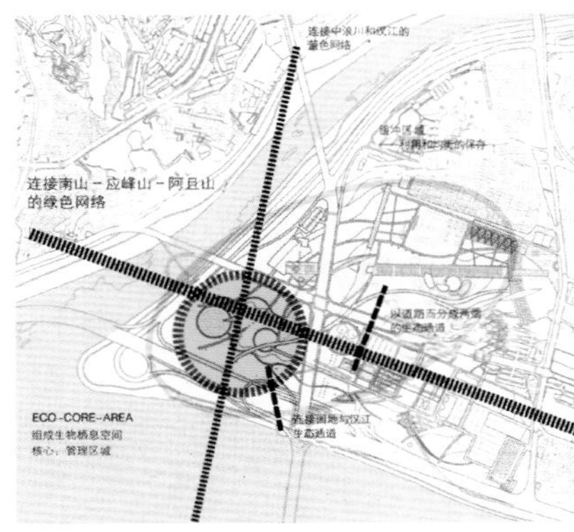

▲图3-21 大堤岛丛林景观轴线和景观节点图。

▲图3-22 景观空间剖面图。

▲图3-24 景点效果图。

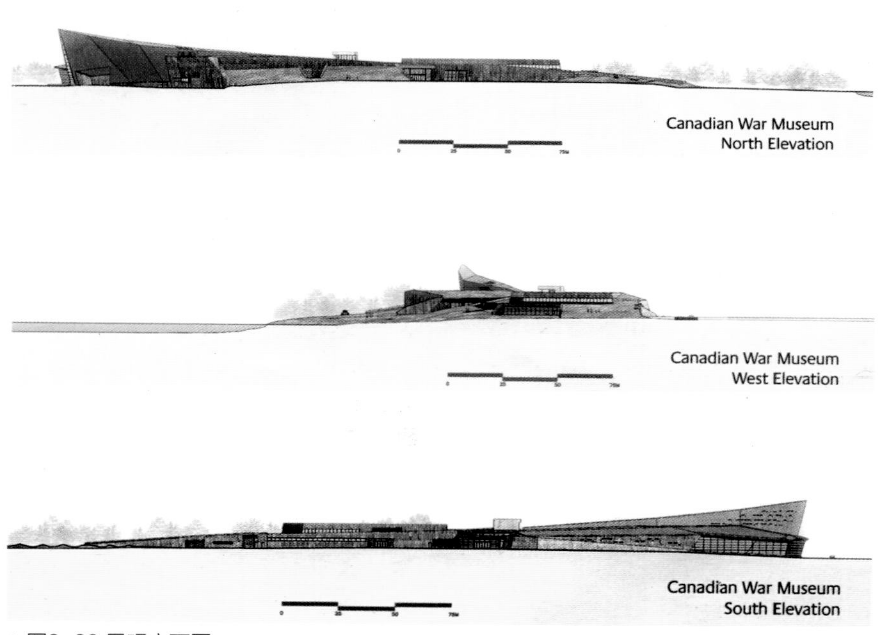

▲图3-23 景观立面图。

（4）实景意象图

实景意象图是通过同类型示例图片配合文字说明来表达设计意图。

（5）景点效果图

如有设计委托方要求，还可作景点效果图，直观表达重点景点的设计效果。（图3-24）

（6）概念性方案设计说明

概念性方案设计说明是对前期工作和方案设计工作进行简明扼要的文字介绍，主要包括以下内容：基地状况、设计内容、设计原则、景观分析、主要景观分区和景点设计、各功能区及文体设施的安排、园中水景道路的组织与设计、植物设计、乔木与灌木的主要树种等等。

（三）方案扩初设计

初步设计方案完成之后可与委托方进行沟通和交流，在取得认可的基础上，就可以进行更深入的方案扩初工作。方案扩初是初步设计的细化和具体化阶段，是各种技术问题的定案阶段，是为施工图设计奠定基础的阶段。这一阶段需要进行合理、科学、细致的功能分区与植物、材料、灯光、设施等的配置。

这一阶段需要完成的图纸任务有：总平面图，各局部的详细平面图、立面图、剖面图，植物配置图以及意象图、道路铺装平面图，初步照明灯具及家具布置平面图及意象图，主要构筑物（亭、架、廊、水景、花台、喷水池）平面图、立面图、剖面图、透视效果图、鸟瞰图等。

这一部分的所有图纸作版式排列，配上封面、目录、设计说明依序打印后装订成册，以文本的形式交付甲方，双方进行交流磋商。

3 三、施工图设计

目前，景观施工图尚无相应的国家标准，但通常以《总图制图标准》、《建筑制图标准》、《城市规划制图标准》以及《国家建筑标准设计图集》（环境景观类）作为制图依据。

（一）园林景观施工图设计的目的与要求

园林景观施工图设计的目的是使项目设计满足成本预算以及项目施工、验收、管理、维修等要求，提高园林景观设计质量和品质。施工图设计图纸文件要求内容完整，图纸表达准确清晰、规范标准，避免出现“错、漏、缺、乱、杂”等现象，绘制符合国家施工、验收规范标准，实施之前需要经过各工种负责人和相关管理部门的严格校审。

（二）园林景观工程图包含的基本内容

景观工程图大致包含图纸封面、图纸目录、工程设计说明、设计图纸。

1.图纸封面

图纸封面包括项目名称，设计单位及建设单位名称，项目的设计编号，编制单位法定代表人、技术总负责人和项目总负责人的姓名及签字或授权盖章，设计时间等内容。

2.图纸目录

图纸目录就跟书本的目录一样，它将所有的图纸内容通过编号和页码整理出来，方便施工人员翻阅和查看。因此，在目录中的图纸名称、分类、编号、页码、编排顺序等信息必须详尽和精准，并与后面的图纸信息和顺序相对应。图纸目录一般先列新绘制的图纸，后列选用的标准图。

3.工程设计说明

工程设计说明包括的主要内容有设计依据、工程概况、材料说明、防水防潮工艺说明、种植设计说明以及其他内容，据项目具体情况而定。

4.设计图纸

设计图纸通常包括景施图、给排水图、电气图、植施图等类型的图纸，景施图包括土建和结构两部分。设计图纸具体来说主要有总平面图、设计高程图、总平面放线图、分区平面图、分区平面放线图、分区索引图、竖向图、详图、给排水图、电气图、植施图等。

（1）总平面图

总平面图是园林景观施工图中最重要、最基础的图，它包含的信息有地形测量坐标网、坐标值，设计场地范围、坐标，建筑及其坐标，建筑红线和道路红线，园林景观设计各要素及其名称编号、指北针或风玫瑰、文字标注、相关图纸的索引，广场、道路、停车场等活动场地的名称或编号及其硬质铺装范围、形态、大致铺装纹样等，无障碍设施、园林景观小品、排水沟、挡土墙、护坡等名称或编号。注明主要的工程量。

（2）设计高程图

园林景观设计标高一般以场地绝对标高为准。设计者应充分考虑原有地形标高，根据原有地形标高及方案设计图推算出场地标高。

（3）总平面放线图

用方格网放线定位来确定景观设计平面图纸所绘制的图形，以便于施工放线。放线的最初起始点（基础放线点）一般为坐标或场地内位置固定的建筑角点。

（4）分区平面图以及分区平面放线图

对于一些工程内容复杂的项目，只有总平面图无法说明清楚，可以将大的总平面分为几块小的部分再进行分区平面说明。分区平面放线图则是对分区平面图用方格网进行定位。

（5）分区索引图

平面图纸中所有需要更进一步详细说明的子项目需制作分区索引图，如建筑、水体、铺装、构筑物、小品等图形内容的索引。

（6）竖向图

竖向图包括用地四周的现状，道路、水体、地面的关键性标高点、等高线，设计地形的等高线、控制标高点，建筑室内外地面的设计标高，构筑物控制点标高，广场、停车场、运动场的控制点设计标高，水体驳岸标高、等高线、水位、最低点标高，花池、挡墙、假山、护坡的顶部和底部关键点的设计标高。

（7）构造详图

在其他图纸中不能完全明示的细节可用详图表示，这是在平面图表达的基础之上，有关园林景观设计各元素的内部构造更进一步的表达。它包括做法详图和子项详图两类。做法详图包括道路、广场做法详图，水体平面图、立面图、剖面图及其做法详图等；子项详图如园林景观小品、建筑物、构筑物等项目的平面图、立面图、剖面图，植物种植详图等。

（8）给排水图

给排水图包括给水总平面图、排水总平面图、子项详图、局部详图、节点详图，由专门的技术工种工程师负责，景观设计师给予一定的配合。

（9）电气图

电气图包括设计说明及主要设备表、系统图、平面图等内容。

（10）植施图

植施图需标明植物种类、名称、株行距，群植位置、范围、数量，关键植物应标明与建筑物、构筑物、道路或地上管线的距离尺寸，保留原有树木的名称和数量，图例按实际冠幅大小绘制。

此外，还应配置相应的苗木表，内容包括序号、中文名称、拉丁学名、苗木规格、数量、备注等，如果种植较为复杂，可分为乔木图、灌木图，需要说明的植物剖面图。

（三）园林景观施工图编排顺序

工程图纸排序一般为：图纸封面→图纸目录→施工设计说明→景施图→给排水图→电气图→植施图。

四、单元教学导引

目标

本教学单元着重于园林景观设计基本程序、操作步骤的学习。让学生了解园林景观设计要经过哪些具体操作环节，有哪些需要注意的地方，每一个环节完成什么样的工作任务，有哪些图纸绘制要求。

要求

这一部分内容需要教师通过具体案例来讲解，尽量在教授的过程中结合自己的实践经验，做到重点分明、条理清晰明白、语言生动灵活。如果仅仅照着教材的内容照本宣科似的讲解，会让学生感觉枯燥乏味，抽象难懂，难以达到好的教学效果。

重点

园林景观设计需要哪些过程，每一个环节应完成的工作、图纸任务有哪些。

注意事项提示

这部分内容要求教师能够结合自己的实践经验来讲解，可尽量加上个人的经验、体会和感受。

小结要点

学生是否能够把握园林景观设计的基本操作过程？能否理解和掌握每个过程的细致内容和要求？

为学生提供的思考题：

1.园林景观设计的基本程序有哪些？
2.如何展开一个景观设计项目？
3.每一个阶段需要完成哪些工作任务和图纸内容？
4.方案设计阶段的重要性在哪里？
5.施工图设计的目标与要求是什么？

学生课余时间的练习题：

什么是构思立意？

为学生提供的本单元参考书目：

王晓俊编著.风景园林设计.江苏科学技术出版社

本单元作业命题：

1.根据教材上的图例或其他资料，临摹绘制园林景观平面图、立面图、剖面图各三张。
2.搜集资料，找一个具体项目的方案，用文字的方式总结它完成的过程和自己的体会。

作业命题的缘由：

让学生熟练掌握园林景观设计的基本操作过程。

命题作业的具体要求：

1.尽量选择同一个景观案例的平面图、立面图、剖面图来进行临摹绘制，才能起到设计程序的连贯性要求。
2.将搜集到的资料和自己的总结做成PPT文件，以备课堂陈述、讨论。

命题作业的实施方式：

装订成册、PPT制作。

作业规范与制作要求：

1.所有作业绘制在A3图纸上。
2.作业按质按量完成，图面干净整洁。
3.装订成册并设计封面。
4.注明单元作业课题的名称、班级、任课教师姓名、学生姓名和日期等内容。

第 4 教学单元

现代园林景观构成要素及其设计方法

一、地形

二、铺装

三、水景

四、植物

五、园林景观小品

六、单元教学导引

山石、水体、植物、建筑被称作是传统古典园林造园的四大构景要素，现代园林景观在这些基础上还增加了其他的种类，如地形、铺装、小品设施等，它们相辅相成、相互依托共同构成了园林景观物质环境。学习并掌握各构成要素的设计要点和方法，是现代园林景观设计学习的重要内容。本章将景观的设计要素分为五大类：地形、铺装、水景、植物、园林景观小品。

4 一、地形

地形，又称“地貌”，是地球表面各种形态的总称。地形是园林景观要素构成的基础，景观要素依赖相应的地形环境，地形的变化会影响该区域的景观空间形态、美学特征以及土地功能结构。地形的设计，直接关系着建筑物的功能和形态、植物的选择和分布、地面的铺装、水体的形态等众多景观因素。地形本身也是景观的设计元素，利用地形的不同形态、高差变化可以打造富有区域特色的环境景观。现代景观设计师应具备灵活利用地形和改造地形的能力。

（一）地形的类型

从地理学概念来讲，地形可以分为山地、高原、平原、丘陵、盆地、草原等，它们通常被称作是“大地形”。就园林景观用地而言，地形一般是指土丘、坡地、台地、平地、下沉地、水体等，这类地形称作“小地形”；还有一种是指在小规模区域范围内，起伏变化最小的一类，被称作“微地形”。

不同的地形类型有着自身独特的空间感觉和视觉审美特征，会带给人截然不同的视觉与心理感受。如平地给人踏实感；起伏平缓的土丘给人流畅感、舒适感；起伏高差大的地形则使人产生兴奋动荡的感觉；高低错落的地形具有节奏感、运动感；台地、坡地视线不易受阻扰，通常是园林中的观景场地；而下沉地的围合之势则会产生聚集、向心性强的空间，给人包围感、安全感。

（二）地形设计

园林景观空间构成的设计首先是从对地形的设计开始的，因为地面是三维空间中各景观构成要素的载体，对其他要素的功能和形式有着直接的影响。

1.地形的利用

现代园林景观设计强调尊重自然，注重人工要素与自然环境协调融合，因此在地形设计中应充分考虑对原有地形的利用，使人工景观与自然地形的固有特征相适应，打造具有区域特色、场地特色的地景景观，减少工程施工过程中过多的开挖而对自然环境的破坏，并有效地减少工程成本。

对地形的利用应充分整合场地地形中具有价值的元素，通过景观手段将其串联、衔接并利用起来，使其具有观赏价值和使用功能。如在原始地形基础上，不过多运用动土工程改变原有地形，而是通过搭建构筑物、绿化、上色、表面铺贴等方式达到利用地形的目的。（图4-1）

2.地形的改造

地形设计的基础任务是对地表有明显缺陷的地形进行合理的改造，解决因地形坡度过大造成的排水、交通等实际问题，使人的活动更方便，更有利于建筑修建和植物生长，创造更具使用功能和视觉审美效果的景观空间。（图4-2、图4-3）

3.地形设计内容

（1）坡度设计

地形设计中，坡度关系到排水与坡面的稳定，关系到行人的

▲ 图4-1 挪威居德布兰峡谷，设计师充分利用了原始地形，通过观景台、小桥、护栏等观景设施穿针引线一般将峡谷、溪涧、悬崖等天然地形景观连接起来，在基本不破坏原有自然地形的基础之上建立通道，帮助游客安全自在地畅游于景观环境之中。

▲ 图4-2 山地地形景观设计改造，满足人们游憩、观景、交通等需要，也突出了地形特色。

▲ 图4-3 基于山地地形之上，通过一些改造措施，强化了原本就壮观的山地景观效果，使其更具艺术魅力。

▲ 图4-4 在草坡的一侧作硬化处理，并用天然石块铺砌在表面，既起到防止土坡下塌的作用，也具有很好的装饰美化效果。

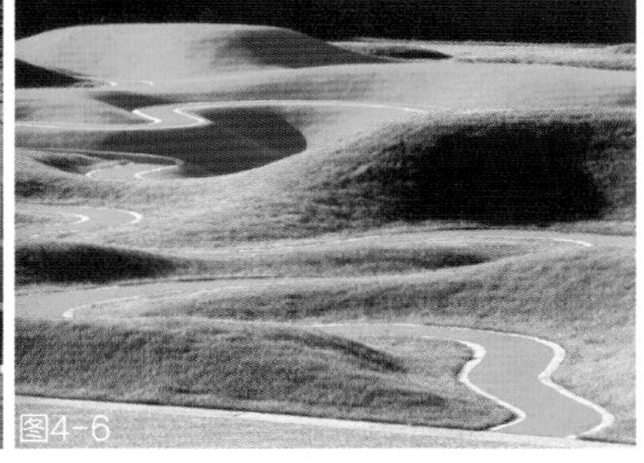

▲ 图4-5、图4-6 利用工程施工挖掘的土方在地表上砌筑山丘土坡，构成了丰富的地形形态，增强了空间的层次感。

活动、行走、视线以及车辆的运行等重要问题。坡度常用百分数来表示，一般来说，坡度小于1%的地形过于平坦，不利于排水，需要作一定的改造。地形坡度在1%～5%比较适宜，易于排水，适合设置建筑物以及大多数种类的活动场地，如广场、运动场等。坡度为5%～10%的地形坡度较为明显，适合安排占地范围不大的建筑物和场地，坡与建筑、植物、水体等设计元素可形成具有丰富层次的景观空间。10%～15%的坡度比较陡斜，为了防止水土流失，应避免大动土方。大于15%的坡度土地利用不适合过多，可以以植物覆盖坡面来防止水土流失，如要小规模设置建筑或场地，需要以挡土墙加固。大于50%的陡坡是地表土壤堆筑的最大极限，除了种植植物之外不适做其他利用，且要用石块或其他硬质材料做护坡。（图4-4）

在坡度设计中，交通道路要根据不同的坡度进行有区别的设计。坡度越陡，人行走会越吃力，速度就会越慢，因此步行道不适宜设置在坡度大于10%的场地。如果需要在不同高差的地面上下时，台阶是最常用的方式。

（2）地表造型

地表造型是指在地形表面通过人工塑造具有各种功能特性和美学价值的实体和虚体。它的具体做法是在原始地形基础之上，结合场地地质条件、气候条件和园林景观修建用途和规模，通过堆填、挖掘、砌筑、修整、围合、塑形、铺贴等手段丰富地形形态，塑造出新的地形类型。（图4-5、图4-6）

无论是小庭院还是大范围的景观建设场地，都可以通过地表造型手段来形成土丘、坡地、台地、平地、下沉地、水体等具有丰富视觉审美特性的地景景观。（图4-7、图4-8）

除了在园林景观中运用外，地表造型也被认为是一种纯艺术形态，有时我们也称之为“大地艺术”、“地景艺术”，是艺术家以大地作为艺术创作的对象，通过挖坑造型、筑池叠山、泼墨上色等手段创造出的一种视觉化艺术形式。（图4-9）

▲ 图4-7 加拿大安全地带公园，是一座具有全新理念的主题公园，用废弃物品和材料堆砌而成，为了避免人们在活动过程中可能会遇到的潜在危险，这个公园建造了覆盖整个场地的橡胶表面、塑料警示带、牵引席和缓冲装置等安全设施来确保安全。

▲ 图4-8 对平地挖掘形成的下沉式地形空间，为年轻人提供了游戏场地。

▲ 图4-9 提贝斯提山，艺术家用不同的色彩描绘山体，表达出独特的视觉语言。

4 二、铺装

这里主要指硬质铺装。硬质铺装是在景观环境中，将人工或自然材料按一定的方式铺设于地面上的一种地表形式。

（一）硬质铺装的作用

在景观空间中，铺装地面能够满足实用功能需要，为人和车辆提供活动场地和通行基础。除此之外，好的铺装设计具有强烈的装饰效果，它们能丰富景观空间的底界面，构成各种各样的视觉情趣。

1.实用功能作用

铺装的功能作用主要体现在三个方面，即提供长期稳定的交通与活动空间、形成和划分空间、导视导游作用。

（1）提供长期稳定的交通与活动空间

硬质铺装在景观空间中最为基本的功能就是为人的活动、车辆的通行提供较稳定且长期的空间底界面。硬质铺装材质与水或草地等其他地面覆盖物相比较，最大的特性就是属性稳定，不易随时间的变化而变化，也不容易受天气、温度等因素的干扰和影响；硬质铺装材料能够承受较高频率和较大强度的使用，而不需要太多维护和修整。（图4-10）

（2）形成和划分空间

铺装材料通过材料种类、大小规格和铺贴方式的变化而起到形成和划分不同空间区域的作用。如车行道用沥青混凝土铺砌，而人行道则可以用花岗石铺贴，公园路可用鹅卵石或青石铺装，大型的活动广场统一用广场砖或大规格的花岗石材料，周边小的休憩空间则可以选用小规格的石材。（图4-11）

（3）导视导游作用

铺装在空间中能够提供一定程度的方向引导作用，尤其是当铺装成线状或带状时，导向的感觉会更强烈。道路铺装的宽窄变化还会影响行走的节奏和速度，起到引导和控制人群交通流线的作用。（图4-12）

2.装饰作用

铺装地面在材质色彩、肌理质感、规格以及铺设形式等方面的搭配、变化和组合，可以形成富有视觉美感的空间界面，形成空间个性，满足人对空间的审美需求和情感追求。（图4-13）

▲ 图4-10 微地形草坡之间的硬质地面，为骑单车、玩滑板的青少年提供了一个乐趣场所。

▲ 图4-11 用水磨石与混凝土两种不同材质铺装，分出车行道与人行道。

▲ 图4-12 小路的走向将人的路线和视线引向中心的场地，彩色的线性装饰更强化了这种方向感。

▲ 图4-13 不同颜色、规格和拼贴样式的地面铺装与绿化融为一体，极具装饰美感。

▲ 图4-14 由彩色混凝土铺设的地面，有着亮丽的花形图案。

（二）常见的地面铺装材料

1.混凝土材料

混凝土材料是现当代最主要、最常见的工程建设材料。它由胶凝材料、粗细骨料（碎石、卵石、沙等）和水按一定比例搅拌后硬化成型。混凝土材料具有经济实用、可塑性强、生产工艺简单、经久耐用、无需过多养护等特点，因此使用范围十分广泛，在景观环境中大多用于道路、广场等硬质铺装。混凝土材质色彩单调，形式较为呆板，可以通过上色、印刻等工艺处理来增强它的视觉效果。（图4-14）

2.沥青

沥青是由细小的石粒和原油为主要成分的沥青黏结剂构成，是一种具有柔韧性的铺装材料，可塑性强，能用于任何形体的铺装，颜色为深黑色，不反射阳光，需要定期作养护。热沥青与碎石、沙混合搅拌形成沥青混凝土，沥青混凝土的耐压强度和使用寿命不及混凝土，但其表面颜色深，有一定弹性，还具有防滑、无接缝、不扬尘、噪声小等优点，是道路铺装的常用材料。

3.石材

园林景观中常用作铺装材料的石材有天然石材和人造石材两大类，目前国内市场上用于景观空间铺装的主要是天然石材。常用的天然石材有花岗石、大理石、砂岩、板岩、鹅卵石等。其中大理石易风化，因此较少用于室外。

（1）花岗石

花岗石是园林景观空间最常用的一种石材，它的特点是质地坚硬细密，耐磨耐腐蚀，耐气候性强，不易刮伤，不受污染，有“石烂需千年”的美称。花岗石颜色纹理丰富，其纹理一般呈颗粒状，花色分布均匀，大面积使用不会出现明显差别，因此铺装的整体性强。花岗石石材易于被加工处理，可以根据需要切割成不同规格大小，景观空间中常用的规格有600mm×600mm、600mm×300mm、400mm×400mm、400mm×200mm、300mm×300mm、300mm×200mm、300mm×150mm、150mm×150mm等。最大使用规格是1000mm×1000mm，小规格的石材近几年在景观设计中也常用到，如100mm×100mm。人行铺装常用厚度为10mm～20mm，车行铺装厚度则需要30mm～60mm。

花岗石可以用作园林景观中的地面铺装、墙面装饰、小品雕刻等，但主要还是用于地面铺装中。花岗石石材有着优良的装饰特性，可以设计出各种地面装饰图案。而且花岗石表面可以被加工成各种不同的肌理效果，即便是同一种石材，经过不同的工艺处理之后所呈现的装饰效果就会不一样。（图4-15）

（2）砂岩

砂岩又称砂粒岩，常见的砂岩包括青石、红砂石、黄砂石、白砂石、黄杨木纹板等，这种石材结构疏松，经常被用作景观小品雕刻、墙面浮雕装饰等。砂岩质地易脆，易被磨损，通常用于人流量较小的道路，或用作场地局部装饰点缀。它吸水率较高，容易吸污，因此后期防护较麻烦。但砂岩具有的独特颗粒感和单纯的色彩、纹理，呈现出自然质朴、素雅大方的特性，因此也经常运用在景观环境路面和场地铺装中。受硬度限制，砂岩的加工规格相对较小，常见的有600mm×300mm、400mm×400mm、400mm×200mm、300mm×300mm、300mm×150mm等。由于其质地松脆，应根据不同功能需求选用不同的厚度，常见的厚度有25mm、30mm、40mm、60mm、80mm、100mm、120mm等。（图4-16）

（3）板岩

板岩结构为片状或块状，颗粒细密，多数定向排列，因此可沿肌理方

▲ 图4-15 花岗石具有极强的装饰效果和可塑性，图中所示的都是花岗石铺装地面，却有着完全不同的材质表情。

▲ 图4-16 青石板铺设的园路与草丛、木栈桥、自然式水体的搭配十分和谐。

向将其劈分为薄片。板岩的硬度适中，价格低廉，吸水率较小，颜色多为单色，其名称多以颜色命名，如黄板、黑板、红板、青板等等。板岩的形态和肌理具有自然美感，常用在园林景观环境中的园路、人行道、广场等场地铺装和景墙装饰。规格与砂岩相近，厚度一般为10mm～30mm。（图4-17、图4-18）

（4）鹅卵石

鹅卵石作为一种纯天然的石材被广泛地运用在园林景观设计中。各种规格、色泽、形状，鹅卵石在园林景观中总能找到它的用武之地。大的鹅卵石可作景石独立成景，或供人坐卧；中型鹅卵石可放置在水体边作为自然驳岸，也可成为溪水河流中的分水石；中小型石头散置有良好的渗水能力，可以覆盖于散水沟、树池之上；小的石头可以用来铺砌路面，利用不同的色彩拼镶成装饰感强烈的图案；小区景观设计中，常用鹅卵石路面作健身步道。（图4-19~图4-21）

4.砖

砖是将泥做成一定的形状再高温烧制而形成。烧制时温度越高，砖的硬度越大，耐压、耐磨损、耐气候性的能力越强。砖的价格低廉、施工简单、养护方便，是园林景观地面铺装最常用的材料之一。常用的砖的种类有青砖、红砖、透水砖、广场砖等。青砖、红砖具有自然质朴的材质美感，但耐磨性较差，吸水率高，不宜用在坡度大和潮湿的地段。透水砖是渗水性很好的路面砖，还有吸尘、降噪的功能，是城市人行道、广场铺装的理想材料。广场砖属于陶瓷类砖，强度和密度比较大，耐磨、耐冻、耐热等性能较好，形状规格多，表面有抛光涂面处理，色彩丰富，可拼贴出细腻美丽的图案，常用于广场、道路的地面铺装。（图4-22、图4-23）

5.木材

木材有着自然的色泽和纹理，行走脚感舒适，富有弹性，给人亲切、温暖、典雅、柔和、自然的感觉，因此被广泛地应用在现代园林景观铺装之中。由于木材本身容易受到虫蛀，在室外的自然环境中会因受潮而变形、腐烂，或因气候干燥而干裂，所以木材用于室外必须要经过防腐处理，常用的园林景观材料为经特殊处理过的防腐木。在园林景观环境

▲ 图4-17 板岩具有色彩与肌理独特以及自然质朴的风格，它在细砂中构筑了山的意象。

▲ 图4-18 板岩层层叠叠地铺砌在地面上，产生了丰富的肌理效果。

▲ 图4-19 散置的深色鹅卵石铺地自然随意，与草丘和岩石形成精致的小景观。

▲ 图4-20 运用黑白两色鹅卵石构成简单的搭配，丰富了原本单调的河岸风光。

▲ 图4-21 在自然湖岸边，置以体量较大的鹅卵石，给游人提供亲水踏步的场地。

▲ 图4-22 红黑两色透水砖拼贴出的图案铺装效果。

▲ 图4-23 古朴自然的青砖和红砖铺装。

中，木材主要是园路、景梯、看台、儿童游戏场地、木质平台以及景观小品的主要铺装材料。（图4-24~图4-26）

（三）铺装设计

在园林景观铺装设计中，可通过材料色彩、拼花图案、质感肌理、尺度等因素的组合、变化、搭配，形成丰富多彩的铺装样式，为园林景观空间底界面增添趣味。

1.铺装色彩设计

色彩是园林景观环境中的重要造景元素，色彩对于塑造空间、分隔空间、丰富空间层次、形成视觉美感有着重要的作用。任何一种铺装材料都有自己的色彩属性，因此铺装的色彩设计就显得尤其重要。铺装色彩设计应合理运用色彩三要素以及色彩对比与调和规律来进行设计。色彩三要素指色彩的色相、纯度和明度。色彩的对比包括色相对比、纯度对比、明度对比、冷暖对比、面积对比等。对比越明显，视觉刺激越强烈，空间色彩越鲜亮。色彩的调和则是指空间的色彩以同色系或近似色组合，或在色彩的明度、纯度、面积上采用渐变或过渡色达成协调统一的效果。（图4-27、图4-28）

空间的色彩设计还应根据环境整体风格和氛围来进行。如居住区空间中的老人活动空间与儿童活动空间的铺装色彩设计，前者注重环境的整体协调感，大多用同一色或近似色的铺装材料，然后通过色彩明度或纯度的变化丰富视觉感受；而儿童活动空间会选用较多的对比色来形成活泼明快的空间氛围。

景观空间铺装色彩的设计还受到其他很多方面的因素影响，如不同地区的气候、民风、民俗等因素，在设计时应充分考虑，区别对待。

2.铺装质感设计

质感是材料表面组织结构、肌理、花纹图案、颜色、光泽等给人的一种综合感觉，是材料本身特有的属性。

材料的质感会通过视觉和触觉渠道传达给人们，使人形成对材料特性的固定认知和情感体验。如前面提到过的一些园林景观铺装材料，人们对它们的特性有着不同的体会，花岗石给人感觉坚硬厚重、大气华丽，青石、虎皮石、青板、黑板等天然石材则自然质朴，鹅卵石自然率真，青砖、红砖田园古朴，仿古砖典雅复古，木材亲切温厚，玻璃镜面清透易变，近几年在现代风格的景观空间中也会用到的金属材质，给人工业感、现代感和时尚感。设计师应根据景观空间的功能需求、设计风格等要求，有针对性地选择具有不同视觉特性的材料进行搭配和设计。（图4-29）

不同的材料具备不同的质感特点，同一种材料，因不同的表面处理又会呈现出截然不同的质感肌理，比如石材，经过抛光处理的花岗石表面光滑，甚至如镜面一般高亮反光、纹理毕现、精致华丽，手

▲图4-24 自然环境中的木质地面铺装可给人舒适的行走感受。

▲ 图4-25 在现代简洁的空间中，木质地面铺装更具亲和力。

▲ 图4-26 水岸边的木质地面铺装集观景、休闲功能于一体。

▲ 图4-27 色彩对比鲜明的深灰砾石地面与白色石材，构成了一个简明而生动的内庭景观。

▲ 图4-28 形式感强烈的铺装图案结合蓝、紫、黄三色地面，更具表现力。

▲ 图4-29 金属材质的地面铺装，有着与传统材料不同的色泽和质地，适用于现代主义风格的景观空间之中。

工凿毛的花岗石表面凹凸不平、自然而粗犷，而机打的花岗石则表面颗粒细腻、分布均匀。要注意，抛光面的花岗石不防滑，在户外场地铺装抛光面的花岗石不应大面积使用，而多作为局部装饰运用。其实即便是只运用同一种石材，因为表面处理不同，就能形成风格各异的铺装设计，将这些处理后的石材拼贴在一起，光滑和粗粝、深与浅、颗粒与拉槽，相互对照映衬，即可产生丰富的变化。可以说，正因为了有了不同的加工工艺处理，才使得材料的应用得以延伸和扩展，而设计师也因此有更多的选择空间。材料加工工艺的更新和发展，会发掘出一些传统的、常见的材料的新特征和新面貌，为景观设计注入更多的活力。（图4-30）

3.铺装尺度设计

尺度设计也是铺装设计很重要的一部分。铺装尺度设计包括整体尺度大小，每一块铺装材料的尺度大小，材料与材料间距等方面的内容。某种程度上，材料的尺度会影响空间的整体尺度比例，相同大的空间，如果单块铺装材料的尺度小，会使空间有扩大感，相反则会使空间显得小。

材料大小规格变化所形成的视觉效果不一样，大尺度的材料铺装整体统一、严整大气，小尺度的材料则可以拼贴出更细腻、更精致的图案和形式，大小尺度不同的材料搭配在一起又可以产生新的变化。（图4-31）

材料与材料拼贴间距也是铺装尺度设计的内容之一，材料之间留缝宽，可考虑植入草种，或用其他材料拼缝。（图4-32）

4.铺装拼花图案设计

铺装拼花图案是铺装设计中最容易形成空间画面美感的元素。它们以各种各样丰富多彩的形式语言、图案纹样来修饰和美化空间环境，创造出或具象、或抽象、或生动有趣、或大气平稳、或刚劲严整、或柔美优雅的景观空间界面。铺装拼花主要是通过一些基本形式语言元素，即点、线、面、体的组合来表现的。除此之外，还可以通过材料色彩、肌理、尺度等元素的组合变化来达成。（图4-33~图4-35）

▲ 图4-30 单纯一种花岗石就可以通过不同的工艺处理产生新的变化，图中所示是花岗石表面不同处理的对比。

▲ 图4-31 规则小的花岗石具有很强的可塑性，可以利用它们的花色来拼出细腻的图案和肌理效果，还可以形成微地形的起伏变化。

▲ 图4-32 不规则石材碎拼地面，在留缝较宽的地方有青草长出，更具自然之感。

▲ 图4-33 规格小的材料更容易拼贴出细致的图案效果，浪花地面铺装与装饰柱顶端的鱼形雕塑相映成趣。

▲ 图4-34 圆形铺装形成视觉中心，几何形铺装出的拼花图案，简洁、明快、现代，装饰效果强烈。

▲ 图4-35 用石材铺贴出具象的人体图案，在空间中形成颇具趣味的地面铺装。

4 三、水景

人类有着本能的亲近水、利用水的需求，而水自身也有着其他设计元素不具备的独特表现力和实用功能，因此，自古以来，水都是园林景观设计中不可或缺的重要元素。无论是中国古典园林还是西方园林，水的影子无处不在，它独具魅力的艺术形态和丰富的人文内涵给环境注入活力，带来生机，激发人们的想象力，满足人们亲近自然的愿望。

（一）水在园林景观中的功能作用

1.调节环境小气候和地面温度，水体对其周围环境的空气温度和湿度有着一定的影响作用。

2.流水所带来的声响可以隔离城市中的混杂噪声。

3.为水生动植物提供生长繁衍所需要的条件。

4.汇集、排泄天然雨水，提供防火救灾、园区内部水消耗、灌溉等储备。

5.形态各异、造型多样的水体本身具有很强的观赏性，水体设计可以营造美的景观环境和氛围。

6.流动的水体可以起到串联景点的作用。

7.水能提供相应的娱乐活动场所，如戏水、游泳、钓鱼、坐船、滑水、溜冰等，给人们带来无穷的乐趣。

（二）水体景观的形式与设计方法

水的可塑性强，本身没有固定的形态，承载水的容器不同，水所呈现出来的面貌就不一样。正是这种多变性、不稳定性和流动性的特点，使得水体的形式丰富多样，总体而言，我们将水体的形式分为静水和动水两大类。

1.静水

静水是指无明显高差和动态感的水体，常以面的形态存在于园林景观环境中。静水本身没有太多流水的声响，水体宁静、平和、舒缓，如镜的水面与周边景致相呼应，如植物花木、山体、建筑、天空等倒影在水面可产生亦幻亦真的独特视觉效果。同时，静水在受外力影响的情况下也会出现波动，如风吹水面会产生波光闪烁的动态美感。静水水面根据形态又可以分为规则式水体和自然式水体两类。

（1）规则式水体

由人工塑造的几何形水面，其水体边缘线条分明挺括，常见的基本形态大多是方形、矩形、圆形、三角形、多边形等。规则式水体设计包括对水体的长宽尺度、位置、深度、池体等的设计。水体的长宽尺度应考虑水体与所在场地的尺度比例情况，以及是否符合美学要求和使用要求，过大过小都不适宜。水体位置的确定可考虑是否与其他景物能够产生映照关系，还应考虑观景的人与水体的关系，究竟是亲近互动的关系，还是远观关系。水池的深浅会使水面色彩深浅发生变化，浅水水面会显得比较明亮，深水水面会相对深沉幽暗，可以通过调节水池深浅的方式来改变水面的明暗程度。规则式水体的设计很重要的一点就是对水池的设计，水池的样式决定了水体的形状，水池边缘和底部的铺设材料会影响水体整体的视觉效果，水池的设计可以运用不同材料、色彩打造不同的风格式样，使水体的视觉效果更丰富。（图4-36、图4-37）

（2）自然式水体

指自然的水体或者是模仿自然水体的水体景观。其形态如同天然形成的湖泊，水体边缘通常是蜿蜒的曲线，驳岸常采用植物、石头等作为收边点缀，营造自然、恬静的郊野氛围。（图4-38、图4-39）

2.动水

动态的水根据其形式的不同可以分为流水、跌水、喷泉、溢流。

（1）流水

流水是指水体被限制在有一定高差变化的渠沟中，因重力作用而形成流动状态的水体。水的流速、动态方式取决于水的流量、河床的宽窄、坡度的高低、河床底部的材料和构造以及水体流动过程中受阻碍的程度等。如果是要加快水体的流速，可以采用粗糙的材质铺设河床，加大河床的坡度落差、曲折程度以及河床首尾的宽窄比，同时可以利用石头在河道中产生阻力，使水体在流动过程与石头发生碰撞从而改变速度，形成湍流并发出声响。

流水也可以分为自然式流水和规则式流水两类。自然式流水是对自然界中的江河、溪流、泉水的模仿，形态通常是曲折狭长的带状水面，常与山石、植物、汀步、桥、河滩等元素组景；规则式流水大多是以渠道的形式出现，形态是几何化的带状体，常用石材、砖材作水池的铺设材料。（图4-40）

（2）跌水

跌水即跌落的水，是由于地形突然的高差变化而产生的水流现象。跌水比流水动势更强烈，可视

图4-36

图4-37

图4-38

图4-39

▲ 图4-40 日本淡路花博，用整地工程挖掘出的当地石材，借助地形的高差构成的动态溪流水景，蜿蜒曲折贯穿全园。

▲ 图4-36 几何式的水体简洁而沉静，清澈透明的水被风吹出粼粼动态，令人心旷神怡。

▲ 图4-37 现代商业办公楼下的水景，规则式的静水水面上漂浮着盆栽，天空绿树倒映在水中，有种令人心灵沉淀的美感。

▲ 图4-38 通过水生植物、天然石头护岸营造的具有自然气息的湖泊景观。

▲ 图4-39 杭州西湖有着平静而开阔的水面，波光潋滟之中倒映出苏堤蜿蜒的驳岸、葱茏的植物、白栏石桥、翘角飞檐的亭台，形成一派景影映衬的画卷。

可听的独特景观效果常常成为园林中的观景中心和视觉焦点。跌水时溅起的水花可以增加空气中的湿度，清洁过滤空气中的尘粒，跌水还会携带空气的氧进入河流，为水生动植物和微生物提供生长条件。最常见的跌水形式有瀑布、叠水两种。

①瀑布

瀑布可以分自由式瀑布、滑落式瀑布、水墙式瀑布三个形式。自由式瀑布因其水的流量、流速、高差、出水口边沿、跌水接触表面等情况不同，其形态和声响也有所不同。因此，我们能看到小型园林中的涓涓细流，也能看到自然形成的大瀑布两种规模截然不同的形态。滑落式瀑布是指流水沿着斜面落下，斜面的倾斜程度会影响水体的流速，斜面的平滑程度会影响瀑布水流的表面形态，斜面光滑则水体平面均匀光滑，斜面粗糙不平则水体平面也会发生相应的变化。水墙瀑布适合于城市景观环境中，指的是跌水与景墙组合而成的瀑布，通常用泵将水抽至墙体上部，水沿墙面从上往下挂落形成帘幕。（图4-41~图4-44）

②叠水

叠水是通过一系列梯级变化来形成的有规则的跌水形式。与瀑布的一跌到底不同，叠水是水体沿着层级式水道层层叠叠地向下跌落，这种形式能降低对水的损耗，与地形结合可形成富有节奏感和韵律感的景观效果。水道形式不同、高差不同、级数不同，会产生形态各异、声响不同的叠水景观。（图4-45、图4-46）

（3）喷泉

喷泉是利用压力，将水通过喷嘴喷洒出来具有特定形状的水体景观形式。喷泉的类型多样，主要有天然涌泉、壁泉、雾泉、旱地喷泉、音乐喷泉、光亮喷泉、超高喷泉、激光水幕电影等。喷口的构造方式、喷水的方向、水压等因素

▲ 图4-45 挪威奥斯路广场的叠水景观，为城市带来一股生气。

图4-41

图4-42

图4-43

图4-44

图4-46

▲ 图4-41、图4-42 雄伟壮观的自然瀑布与天地山川融为一体，这是天地的造化而非人力可以达成的景观。

▲ 图4-43 位于澳门市中心一处商业大楼前的水景，利用片状的石块垒砌而成的高大墙体，引流水从上至下形成瀑布，瀑布遮挡了不良的视觉因素，其潺潺的流水声响淡化了都市的喧嚣。

▲ 图4-44 由日本建筑师安藤忠雄设计的淡路梦舞台，用他最擅长的清水模壁面做成的瀑布水景，水柔化了混凝土建筑的坚硬质感。

▲ 图4-46 美国德州水苑的奔腾池，水沿着一层层巨大石阶，如千军万马奔腾而来，气势磅礴。

的不同，可以形成喷雾状、柱形、弧形、球形、扇形等不同喷泉形式。（图4-47、图4-48）

现代喷泉水景，除了观赏性外，还讲究人的参与性，为人们创造能够与喷泉近距离接触的条件，满足人们近水、亲水、戏水的愿望。（图4-49）

（4）溢流

水满则溢，溢流是利用容器之中的水满而往外溢出的原理设计的水体景观。溢流的形态受水池池体或容器大小、形状的影响而各有不同。相对于瀑布和叠水的动感，溢流水景更安静、平和，呈现出绵绵不绝、自然而然的状态。（图4-50）

（三）水体景观设计要点

1.任何一种水景设计，不能单从观赏的角度来考虑，都应从全局入手来考虑场地特征，紧密结合当地地理条件、气候和土地使用方式来进行设计。

2.人工水景设计时，要首先考虑不破坏自然环境，人工水体应与原有的自然环境共融共生。若场地中已有自然水体的存在，在对水体进行改造和设计时应尽量与原自然水体的流向和水岸线一致，保护原生植被和动物。

3.设计时应充分发挥水的多面特性，结合水光、水色、水声、小品等元素使水景更具观赏性。考虑水体与树木花草、飞鸟走兽、行人、天空云影、星光月色等的映照关系，营造富有意境的水体景观。

4.在设计曲线形水景时，驳岸线应运用流畅而平滑的曲线，满足水体平稳运动的需求，避免因不当的弯曲角度造成水流冲刷。水体底部尽可能用天然素土，且与地下水连通，能够提高水体自洁更新的能力。

5.控制人工水景的规模，考虑水体与整体环境的比例关系是否协调，水体过大会增加水景后期维护成本。尤其是跌水景观不求大只求精，可以时常更新水质，被更换的水用于园林内的绿地灌溉，可有效控制运行成本，减少水质污染和水浪费。

6.人有亲水的本能，设计水景时要考虑满足人亲水的需求，包括水体池岸的高度、水的深浅、水体形式是否适合人近距离接触。考虑提供人亲近水的空间和方式，可设置水上或水中交通线路，通过亲水平台、梯步、汀步、桥、栈道、堤岸、岛屿、舟船等方式实现人与水的交流。（图4-51~图4-53）

7.在设置亲水条件的同时，注意深度较大的水体要考虑安全防护措施。相关的规范要求：硬底人工水体距岸边、桥边、汀步边以外宽2m的带状范围内，要设计为安全水深，即水深不超过0.7m，否则应设栏杆。无护栏的園桥、汀步附近2m范围以内的水深不得大于0.5m，在住宅区中的安全水深一般为0.3m～0.4m。较深的水体不设置近距离接触水体的活动区域，必要的情况下采用绿化或栏杆等方式进行隔离。水中交通路径要使用护栏，采用防滑防腐材料铺装路面，并通过指示牌、路灯等设施，保证在水边活动的人的安全。

▲ 图4-47 小股水流从喷口涌出，喷泉规模虽小但别有一番意趣。

▲ 图4-48 雾状喷泉营造出如纱似烟的水景效果。

▲ 图4-49 炎热夏日，旱地喷泉为爱玩水的人群提供了一个可戏水的凉爽降暑之地。

▲ 图4-50 意大利罗马市政厅下的水景，白石托盘上的水体源源不断地溢出下落。

▲图4-51~图4-53 人天生有近水心理，水体景观设计时应在保证安全的情况下为人的近距离接触、观赏提供条件。

4 四、植物

植物是现代景观设计中的重要元素，具有很强的观赏性和功能作用，它能给环境带来生命力和活力，给人们带来美好的视觉享受和心理感受。

（一）植物在园林景观中的功能作用

1.围合形成空间

植物组合可以起到限定和划分空间的作用。不同高度、种类的植物通过不同的组合方式能形成丰富的空间类型。如利用低矮的灌木和地被植物可以形成视线通透、外向、限定程度低的开敞空间；利用低矮灌木、地被植物搭配高大乔木形成的半开敞式空间；运用树冠开阔浓密的树木形成四面开敞、顶面覆盖的空间；运用灌木、地被植物、高大乔木形成的四面和顶部皆围合的封闭空间，此类空间具有内向性、隐秘性的特点；运用高而细的树木形成立面围合，顶部透空的空间。（图4-54）

这些空间不会是一成不变的，随着季节的变化，植物的形态、色彩、枝叶的繁盛程度也会随之发生变化，从而使空间形态产生丰富的变化。

▲图4-54 由各色花卉、草本植物、低矮灌木形成的螺旋形态，植物的连续环绕限定了人的行走方向，但人的视线和空气的流通不受任何阻挡。

2.遮挡不利景观元素

植物可以完善空间，遮挡和软化景观环境中僵硬、生硬的线条或视觉效果不佳的因素，是遮挡不良环境因素的天然屏障，可以减少城市中的噪声、灰尘、有害气体对景观空间的侵扰。

3.解决许多环境问题

降低城市光辐射、吸附尘埃、净化空气、调节温度和湿度、防止水土流失，为动物提供生养栖居环境。

4.美化环境的作用

植物具有很强的观赏特性，因此常常成为视觉审美的中心。植物具有丰富多样的美，无论是姿态、枝叶、花朵、果实、气味还是风吹树叶声响、林间穿梭的鸟的啼鸣，都能给人们带来视觉、嗅觉、听觉、味觉上的愉悦和享受。植物是富有生命力的景观要素，它的形态、色彩、质地会随时间的推移、季节的转换而不断生长改变，带给人们不同的视觉感受和心理体验。

（二）常见的园林景观植物类型及其特性

植物的分类体系很多，按观赏部位不同可以分为观叶植物、观花植物、观果植物等。按在景观园林中的用途可以分为庭荫树、行道树、花坛植物、绿篱植物、室内植物等。按生长习性和观赏特性来分可以分为乔木、灌木、藤本、花卉、草坪植物等。

1.乔木

其主要特征是体型高大、主干明显、分枝点高、寿命长。根据体型高矮有大型乔木（20m以上）、中型乔木（8m～20m）和小乔木（8m以下）三种类型，根据其叶片形态和季相变化又可以分为以下几种：

（1）常绿针叶乔木，如银杉、柳杉、雪松、罗汉柏等。

（2）落叶针叶乔木，如银杏、水松、水杉等。

（3）常绿阔绿乔木，四季常绿，季相变化不明显，大多分布在热带、亚热带地区。由于气候原因，常绿阔叶乔木在我国的南方的种类很多，而北方多为针叶类，常绿阔叶树种类少。园林景观中常见的有广玉兰、樟树、女贞、冬青、榕树、月桂等。

（4）落叶阔叶乔木，季相变化明显，四季各有不同形态，具有春季观花、夏季观叶、秋季观果、冬季观姿的多方位、多角度的美感。落叶阔叶乔木是温带地区园林中运用最多的植物材料。常见的有白桦、白玉兰、厚朴、海棠、垂丝海棠、楹树、合欢、槐树、悬铃木、梧桐等等。

2.灌木

树体矮小，大多在5m以下，无明显主干，呈丛生状态。按高矮分有大灌木（2m以上）、中灌木（1m～2m）、小灌木（1m以下）。灌木树种繁多，有不同的观赏效果。观叶类，如大小叶黄杨、金叶女贞、海桐球等；观果类，如金橘、火棘、南天竹等；观花类，如迎春、月季、红花继木等；观枝类，如连翘、棣棠等。

3.藤本

藤本植物是有着细长茎蔓的，不能独立直立生长，需要借助其他物体攀附向上生长的木质藤本植物。藤本植物在园林中的应用方式较多，常用于空间中的垂直绿化部分，依附于墙体、屋顶、廊架、柱体、山石等物体生长。常见的有金银花、爬山虎、葡萄、常春藤、三角梅等。

4.花卉

花卉即草本观花类植物，按生长周期可以分为一年生花卉、二年生花卉、多年生花卉。

（1）一年生花卉，存活期在一年以内，生长期短、生长速度快，当年播种、当年开花结果、当年死亡。如鸡冠花、千日红、金钱菊、波斯菊、太阳花等。

（2）二年生花卉，存活期有两年，当年播种，次年开花、结果、死亡。如紫罗兰、七里黄、三色堇、风铃草等。

（3）多年生花卉，一次栽植多年连续生存，年年开花，常年不死。如四季海棠、大丽花、芍药、雏菊、金鱼草、勿忘我等。

5.草坪植物

草坪植物是覆盖地面的低矮草本植物。草坪植物叶丛低矮密集，覆盖性强，对地面有良好的保护和装饰作用。如麦冬、野牛草、天鹅绒草、结缕草等。（图4-55、图4-56）

（三）植物配置原则

1.科学性原则

合理的植物配置是科学性和艺术性的结合，不能一味追求视觉美感而忽略植物对于其生长环境的特定要求。在进行植物配置时如果违背了科学性原则，会使植物生长不

图4-55

▲ 图4-55、图4-56 夏洛特花园，蓝黑色建筑围绕中的中庭景观，用覆盖着地面的各类柔软草丛构成一幅由流线形态和季节变化引导的流动的图案。

▲ 图4-57 通过对植物形态的设计而形成的极具构成感的景观艺术。

良，或无法存活，当然也就不能达到好的景观效果。

（1）因地制宜，任何植物的生长都需要与之匹配的环境条件，应根据不同的土壤、温度、湿度、光照条件选择生态习性与环境条件相适应的植物种类。

（2）植物群落的设计应遵循自然群落的生长发展规律，从自然中借鉴和学习，保持、维系群落间的共生、附生、寄生关系，确保植物群落的多样性和稳定性。

（3）以本土植物为主，较异地植物而言，本土植物对环境的适应力更强，具有较好的耐候、抗病虫害等特点，因此在进行植物配置时应尽量以本地植物为主，异地成熟植物为辅。

2.艺术性原则

在满足植物与环境生态相适应的原则基础之上，艺术的设计手法可表达植物形式之美、意境之美。

（1）把握形式之美

植物配置形式之美的把握应遵循艺术设计形式美学的基本原则，即统一、变化、对称、韵律、节奏、均衡原则。在形式美原则的指导下，通过对不同植物花叶枝干的色彩、枝叶的质感、姿态品相的搭配以及植物间高低、壮瘦、疏密的组合，进行巧妙地设计和布置，形成层次分明、疏密有致、富有美感的植物景观。（图4-57）

（2）遵循季相变化规律

植物会随着季节的变化而呈现出不同的品相特征。植物造景时应考虑树木花草的季节性特征，并预知它们在一年四季中的变化，才能形成四季有景，且四季景不同的景观效果。（图4-58）

（3）考虑植物生长的时间过程

植物生长发育有一个时间过程，应了解植物生长规律和生长速度，考虑树木配置后的整体效果，速生植物与慢生植物相互配置，乔、灌、草结合，帮助景观快速成型。

（4）合理搭配景观小品

植物与建筑、构筑物、水体、山石等景观小品搭配，会形成呼应效果。（图4-59~图4-63）

（5）意蕴之美

植物花木自然天成的形、姿、色、声，可以营造出美的环境和诗情画意的意境。中国古典园林中有以花木寄情、寓意、比德的传统，使植物的形态之美升华至意蕴之美。传统园林植物梅、松、竹、菊、荷花、芭蕉、梧桐、桂花等，皆有其独特的象征含义，在园林植

▲ 图4-58　被秋色浸染过的红和依然鲜亮的自夏而来的苍绿同时并存，在季节转换之时，为环境增添了更多情致。

图4-60

图4-62

图4-63

图4-61

▲ 图4-59~图4-61 小型灌木、苔藓类植物与山石、小桥、汀步等景观小品搭配，形成精致的景观组合。

▲ 图4-62 沧浪亭中的大片竹林，衬着黛瓦粉墙，把传统古典园林植物搭配之美发挥到极致。

▲ 图4-63 日本京都，建筑物之间的狭窄巷道，空间窄、日照少，因此种上千千翠竹搭配白粉墙面，立显清爽秀丽之美，从此不难看出中国传统造园艺术的影响。

物搭配中常常利用这些植物的深刻寓意表达设计者的感情、喜好、思想以及某种特定的情境氛围。因此，在植物配置时，除了考虑植物的形态之美外，还可以加强其意蕴之美的刻画，以提升园林景观的艺术气息。

3.多样性原则

越复杂的群落结构，其生态系统就会越稳定，相反物种越单一，其稳定性就越差。在进行植物配置时，可模拟自然群落结构营造多种群落组合的林木，如将针阔、常绿落叶植物混杂种植，达到保持物种的多样性和景观的稳定性的目的。（图4-64、图4-65）

4.文化性原则

植物景观配置时，可以融入地域文化、传统文化、历史文化、民风民俗、宗教信仰等元素，使植物景观更具文化内涵。如日本的樱花文化、荷兰的郁金香文化等，具有独特本土文化特色的植物景观成为国家和城市的符号和标志，植物景观在一定程度上起到了保持和塑造城市特有的风貌、文脉和特色的作用。

（四）植物造景的配置方式

植物配置形式很多，有成行成列的规整式布局，也有三五成群的自然式布局，这里介绍几种常见的基本配置方式。

1.孤植

孤植是指将单一植物作为独立、特殊的因素置于设计之中，使其成为景观空间中的主景树和观赏的焦点，在空间中具有观赏性、纪念性、标志性的作用。用作孤植的树木通常选用具有较高观赏价值的成熟树种。树冠开阔、舒展，轮廓富于变化，形体高大、树荫浓密、枝叶繁茂、姿态优美，具有丰富的季相变化等特性，如银杏、榕树、黄桷树、红枫、雪松、玉兰、木棉、云杉、菩提树等等。（图4-66）

孤植需要一定的观赏距离，才能赏其全貌，一般适当的距离为树体高度的四倍左右。因此常布置在较空旷的场地中，如草坪上、广场中央、可眺望远景的高地、开阔的水体边缘、道路转角处的空地等。

2.对植

植物种植在构图轴线两侧的称为对植。对植造景方式常应用在公园、广场出入口两旁或建筑物、构筑物的两侧。对植的树木通常选择体量大小相近的同一树种。可以采用对称式布局，即树木的规格大小统一，离中轴线距离相等；也可以采用非对称式布局，树种相同，但形态大小可以有差别，大树离中轴线的距离近，小树离得稍远，数量上也可有一定变化，如大树单株，小树在一旁增植两株，从而形成视觉上的左右均衡关系。（图4-67）

3.列植

列植是将乔木、灌木按一定的株间距成排成列进行种植的造景方式。视觉效果整齐规则、简单而有气势，常用于行道树、水岸树等带状绿化的植物栽种。树木常选择同种树种，也可以在队列中穿插其他树木来形成变化。（图4-68、图4-69）

▲ 图4-64、图4-65 乔、灌、草多种植物类型搭配充实了空间，常绿和落叶乔木的搭配丰富了季节面貌，观花和观叶植物提供了多方位的观赏角度。

4.丛植

丛植是由三株到十几株乔木、灌木组合而成的造景方式，丛植应体现植物群体美感，同时也要考虑到在统一构图中表现出单株的个体美。用作纯观赏性要求的树丛可以用两种以上的乔木或灌木混合种植，也可与山石花卉草坪结合；用作庇荫的树丛通常以树种相同、树冠开阔的乔木为主，树丛下设置山石或座椅，为了不破坏树丛的整体效果，园路最好不在树丛之中。栽植区域呈缓坡状，可利于排水。

丛植配置时，通常采用奇数来进行配置，如3、5、7等结合成一组。同时，还要考虑植物间有更多的重叠和渗透，从而消除树冠下的废空间，增加群体的整体性和内聚性。

5.群植

群植指一定数量的乔木、灌木混合栽植，主要表现植物群体美。树群的选择可以是同一树种，也可以是不同树种，相同树种群植的观赏效果比较稳定、统一。不同树种的群植应考虑立面上林冠线的起伏错落以及水平面上树冠轮廓的曲折变化，还应注意乔、灌、草层次要分明，色彩浓淡要相宜、季相要分明，树木要有疏有密、姿态各异。由于群植树木较为密实，林内潮湿，通常不设置园路或树下活动空间，可以在外围设计园路和休息座椅。

▲ 图4-66 颇具造型的老树独立成景，成为了空间的视觉焦点。

▲ 图4-67 简洁的水景、古典的建筑，大树对称种植在建筑入口两侧，构成典雅、古朴的构图。

▲ 图4-68 种植在步道两旁的树木，丰富了步道空间层次，营造了怡人的行走环境。

▲ 图4-69 种植于道路一侧的树木行列，有着优美的姿态。

6.林植

林植是大量树木的集群，数量多、面域广，具有一定的密度和群落外貌，会对周围环境产生明显的影响作用。林植的树群根据郁闭度，可分为密林和疏林。

（1）郁闭度在70%以上的是密林，密林的林冠覆盖面大，阳光很少透入林下，因此土壤湿度高，地被植物水含量高。树木的密度大，不便于游人活动，可以在树木较疏松地段开辟园路，以供游人进入林间。密林根据树种结构的不同，又可以分为同一树种林和混合树种林，前者由单一树种构成，简洁宏大，后者由多种植物群落构成，季相变化丰富，更为绚丽多姿。（图4-70）

（2）郁闭度为30%～60%的是疏林，常与组织坚韧、耐践踏的草地结合，这是景观设计中应用较多的一种形式。疏林可以为人们提供充分的活动空间，供人们在林间散步、游玩、看书、交流、野餐等等。因此，疏林常选择观赏性较高的树种，常绿树与落叶树木搭配适当，树木三五成组，疏密有致。（图4-71）

7.篱植

篱植是将灌木或小型乔木密集栽种形成藩篱状的种植形式，也称作绿篱或绿墙。篱植有组织和分隔空间的作用，还具有一定的防护功能，如防风阻尘、隔离噪声、阻隔视线等。篱植可以用作景观空间边缘地带的装饰，如道路边、广场边、围墙边等。（图4-72）

篱植有整形篱植和自然篱植两类，前者通常被修剪成规则平整的几何体，宜选用生长缓慢，耐修剪的常绿灌木或乔木，如黄杨类、海桐等；后者一般不加修剪，任其自然生长，宜选用枝叶浓密的花灌木。

8.花坛

在一定几何形状的植床或容器内种植观赏性植物，以此来表现林木花卉群体美、色彩美和图案美的园林设施称为花坛。花坛装饰性强，在景观空间中可以做主景、配景或对景，常被用在城市广场、建筑物、道路等空间。（图4-73）

9.草坪

草坪是用多年生矮小草本植株密植，经过修剪的人工草地。草坪有着较好的地面覆盖能力，能起到防沙固土的作用。同时，草坪特有的面状形态如一张铺开的地毯，能为人们提供休息、玩耍、运动等活动空间。（图4-74、图4-75）

图4-70

图4-71

图4-72

图4-73

图4-74

图4-75

▲ 图4-70 密林之中树木林立呈遮天蔽日之势，青苔细致绵密地覆盖地面，一片幽深沉静。

▲ 图4-71 疏林可提供更多的参与空间，让人游走于林间，亲近自然。

▲ 图4-72 被修剪成规则矩形的绿篱，代替了围墙的围合、遮挡功能，但比围墙更自然，虽然尺度高大但不会给人压抑沉闷的感觉。

▲ 图4-73 以白砖细石构筑花坛，块状陈列于空间之中，各色菊花绽放于其中，仿佛大地上的彩绘图案。

▲ 图4-74 草坪被道路分隔成充满现代感的几何形状，铺设于高于硬质地面的种植坛里，人们可坐可卧，尽情享受青草阳光。

▲ 图4-75 绿油油的草坪在棕榈树的掩映下，一派闲适气氛。

4 五、园林景观小品

园林景观小品是园林景观的重要组成部分，指的是在园林景观环境中为数众多、体量不一、功能不同、分布面广、造型别致，具有较强装饰性的景观构筑物、装饰物和服务设施等。因此园林景观小品所包含的内容非常广泛，在这里将它们分为园林景观构筑物、服务设施以及景观雕塑三个方面的内容。

（一）景观构筑物

一个功能完整的园林景观环境，少不了园林景观构筑物的配合。所谓的构筑物指的是景观环境中用以提供人短暂停留、观赏、休息功能和社会交往功能而建造的，有别于一般建筑的人工建造物，具有较强的装饰性、观赏性以及使用的稳定性、长久性。无论是哪一种风格和类型的园林景观，构筑物都是环境中必不可少的元素。

1.建筑

园林建筑类型多样，造型丰富，是园林环境中的重要景观要素。园林建筑能够满足景观环境中人们行走、交往、休息、游赏等基本使用功能。它们所具有的优美形态、造型往往会成为景观环境中的观赏焦点，它们分布在空间中，起着点景、障景和衬托渲染空间氛围的作用。

传统古典园林建筑的类型众多，包括亭、廊、厅、堂、榭、舫、轩、殿、斋、馆、桥等，它们种类繁多、功能不同、造型特征鲜明，具有强烈的审美价值。它们与古典园林中其他三要素，即山、水、树木协调搭配，形成意境深远、富有情趣的古典园林空间。学习和了解古典园林建筑，对于现代园林景观设计仍有着极大的参考价值和借鉴意义。现代园林景观环境中常用的园林景观建筑有亭、廊、桥等。

（1）亭

亭是传统园林中常见的供人休息、避雨、观景用的建筑物，由亭顶、亭柱、台基以及桌椅、栏杆、雕刻彩画等其他附属物构成。亭四面通透、体积小巧、结构简单、造型别致，在现代园林景观空间中也是常用的景观建筑。亭的适应性强，能根据各种地形、环境条件做出相应的变化，可与环境中的其他建筑物、景观元素结合，充分利用地形变化创造出富于魅力的景观组合。如亭可与廊衔接，也可置于高地，或架于水上，或掩于林中，或衬于花间，或与山石并立，无论哪一种组合都可以构成意趣盎然、丰富多样的景致。亭的风格形态多样，应根据景观空间的整体风格来进行设计。（图4-76、图4-77）

图4-76
图4-77

▲ 图4-76、图4-77 现代亭的样式已不同于传统亭子，材料也不再仅限于木材，但其小巧完整的形态特征和亭的基本功能依然如故。

（2）廊

廊是指屋檐下的过道或独立有顶的通道，具有遮阳、避雨、休息、赏景等功能。廊有顶覆盖，立面通透，顶与列柱、横楣形成廊道空间。廊由连续的单元组成带状分布于园林之中，随地势和空间开合而蜿蜒曲折、起伏变化、高低错落。廊的类型丰富，适应性强，可用于各种不同地形和不同风格的景观空间。传统廊的类型很多，按立面形式有双面廊、单面廊、复廊、双层廊等；按平面形式可以分为直廊、回廊、曲廊等；按廊所在的位置又有桥廊、水廊、爬山廊、墙廊等。

现代园林景观设计中，廊可以起到划分空间，分隔景区，联系景点，组织流线，提供行走坐卧功能的作用。现代廊的形态更加丰富，构建廊的材料更多样，除了传统的木结构之外，还有混凝土、金属、玻璃等。廊的宽度一般为2.5m～3.0m，根据具体要求而有所增减。（图4-78、图4-79）

▲ 图4-78 简洁现代的廊架设计，玻璃顶棚覆盖在钢架结构上既轻盈通透，又具有很好的遮阳效果。

▲ 图4-79 廊架下是人们的活动场地，休闲座椅的设置是为了提供更舒适的休憩空间。

（3）桥

景观环境中的桥称为景桥，是景观环境中常见的建筑类型。在景观环境中，景桥可以架于水体两岸、湖泊之上、沟壑之间，能起到联系道路、组织交通的作用。桥与水体、湿地、草地、花圃等景观结合，可以丰富景观视觉效果和空间层次，使人的行走、观景等活动更具趣味性。桥的类型有平桥、曲桥、拱桥、飞桥、廊桥、索桥、浮桥、栈桥、跳墩、旱桥等。（图4-80、图4-81）

▲ 图4-80 架于草地和花圃之上的旱桥，灵动的有机形态使它仿佛是自然环境中的某种生物。

▲ 图4-81 平桥的造型和材质现代而简明，它安静地跨卧于明镜般的水面上，使人可行进到水域的深处。

2.花架

花架是用不同材料构成的具有一定形状的格架，是可用于支撑藤蔓植物攀附的棚架式园林小品。花架具备廊的功能，可起到联系景点，分隔空间，为游人提供遮荫休息、游赏观景的作用。相比廊架，花架的造型更为灵活，形态更丰富，空间更通透，又因植物的攀爬垂吊而更显自然。花架的造型形式多样，体量大小各异，可简可繁、可大可小、可单体可组合，可以是简洁抽象的几何形也可以是具象的人物、动物形态等，应根据景观空间场地的尺度、要求以及景观整体风格来进行设计。花架的类型多，使用材料丰富，如竹、木、铁、钢、砖、石、玻璃等都可以用于花架的搭建。（图4-82）

▲ 图4-82 简单的花架架构串连成花的廊架，既有遮荫的作用，也能观赏到植物花叶的美态。

3.阶梯

在景观环境中，有坡度高差的地方会用阶梯来解决人们上下交通的问题。

（1）阶梯的作用

从实用功能而言，阶梯是联系高差差别大的场地最安全有效的方式，它能够缩短两点间的距离，避免迂回绕道的麻烦。从美学价值而言，阶梯能使空间产生层次感，设计感强的阶梯具有很强的装饰美化作用。

（2）阶梯的构成

阶梯由梯面、踏面、平台、护墙和扶手构成。

（3）阶梯设计要点

①阶梯行走的安全性和舒适度，与踏面、梯面、平台以及扶手的尺度有很大的关系。由于室外空间原本就比室内的空间开阔，加之受气候环境的影响，室外的阶梯应该比室内的阶梯做得宽阔且平缓一些。

通常而言，梯面高度通常为150mm，不低于100mm，如果低于这个尺度不符合人的行走习惯，而且容易被忽视造成潜在的危险。梯面最高不高于170mm，太高会导致老年人或腿脚不太方便的人行走吃力，但有一类不主要用于交通行走，而是提供看台、休息台类功能的阶梯，可以适当做得高一些。室外阶梯的踏面深度一般尺度为350mm，根据人的脚掌尺度，最低不能少于280mm，如果少于这个参数会给行走带来不便。阶梯的宽度取决于该阶梯的使用范围和预期使用量，如果阶梯位于重要交通线路上，人流量大，阶梯的宽度可以设定得较宽一些，如双向行进的阶梯，宽度最少不能低于1200mm。

阶梯行走较其他的道路更容易令人感到疲倦，因此在阶梯设计时要考虑在固定一段距离设置平台，平台能够有效地减轻人的疲劳感，并提供观赏景物的场地。通常在10～15步阶梯就应该设置休息平台，休息平台的宽度与阶梯的宽度一致，或者更宽，深度应大于1500mm。当阶梯踏步一侧的垂直距离超过600mm时，就应该设置扶手，扶手的高度距离踏面为800mm左右。

②同一组台阶的梯面高度应保持一个常数。阶梯时高时低的变化会给人行走带来不便，甚至于发生意外事故。

③阶梯的每一步踏面应该有1%的向外倾斜坡度高差，以防止踏面上积水。

④阶梯踏面材料直接与人的脚底接触，关系到人行走的安全和稳定程度，因此应该选用防滑的踏面材料或在每一步踏面离外侧大约10mm处作防滑槽处理，但不宜设计得太深，防止行人被绊住或夹住。

⑤在条件许可的情况下，在阶梯一侧考虑为残疾人提供无障碍通道。

⑥阶梯的设计应与坡地山体融为一体，使其成为地形中和谐而融洽的一部分，而不是成为破坏自然地形的突兀元素。在材料的选择、色彩搭配、造型、配景、风格等方面应与整体景观环境和风格相适应。（图4-83）

4.围墙

在园林景观空间中，墙是围合和分隔空间的竖向界定元素。景观空间中的墙体有独立墙和挡土墙两种类型。独立墙不依附于其他景观要素，独立存在于空间之中；挡土墙多位于斜坡或土方的底部。两种墙体类型在景观空间中都有着不同的功能作用，并通过墙体形式、色彩、图案和质地等的变化丰富和点缀着景观空间环境。

（1）墙的作用

挡土墙用来抵挡有一定坡度差别的地面间的泥土，防止泥土垮塌；独立墙用来形成空间边界、限定和围合空间、屏蔽不良环境因子、划分分隔空间等。由于独立墙体有较强的遮蔽能力，在景观空间中常常会运用它来形成屏障，减缓风速，或减轻某一特定方位的太阳曝晒。

（2）墙的设计

①墙的尺度决定空间的围合限定程度。一般来说，高于1.83m的厚实墙体对于空间围合以及视线遮挡最完整严密。

②材料的选择，构成墙体的材料多种多样，如砖、水泥、玻璃、金属、竹木、各种天然石材等各具肌理质感和艺术表现力的材料，合理运用不同的材料可以构筑出风格

▲ 图4-83 带有观景意味的阶梯，有踏步，也有提供休息、停顿的座凳，可满足人们的不同需求。

不同，视觉效果各异的景观墙体。

③墙体的形态设计，墙体形态的方圆、大小、厚薄、凹凸起伏、通透虚实、宽窄高低变化可以构成丰富的视觉效果。

④墙体表面设计，通过材料的拼贴、颜料涂绘形成丰富的图案，还有浮雕、题刻、开洞等也是常用的墙体表面设计手段。

⑤墙体与其他元素，如地形、山石、阶梯、座椅、瀑布、流水、植物等元素搭配，形成丰富的组景。

⑥具有中式韵味的墙体，可借用传统民居建筑中的结构元素和装饰手法，如以白灰饰墙、以砖瓦压顶等做法，或在墙上设漏窗和花窗。（图4-84~图4-88）

（二）服务设施

1.户外座椅

户外座椅是给人们提供休息停顿、观赏风景的景观设施。园林景观中的座椅类型丰富，有带靠背的普通长椅、无靠背座凳等，还有像树池、条石等也具备座椅的功能。座椅的材料多种多样，有木材、石材、混凝土、金属以及各种混合材料等，石头、金属材料在夏天经过曝晒会发烫，而在冬天又令人感觉冰冷，通常而言，木质座椅比较暖和舒适，是户外座椅的常用材料。（图4-89~图4-92）

座椅设计应注重尺寸的问题，座椅离地高度一般为40cm~45cm，儿童用座椅一般为30cm~35cm，座面宽度35cm~45cm。如果有靠背，靠背应高于座面35cm，靠背应有100°~110°的倾斜角度。带扶手的座椅，扶手距座面15cm左右。单人座椅的长度大约为60cm左右，双人椅120cm左右，三人椅180cm，多人座椅没有固定的尺度，可根据设计需要进行设置。

2.照明设施

现代景观设计重视夜间照明效果，夜景照明设计以打造科学与艺术相结合的现代人工照明环境和照明景观，营造安全、自然、优美、和谐的夜间

◀ 图4-84 景墙的设计简洁刚硬，与阶梯形成对照之势，可作为空间中的主题墙。材质与地面铺装一致，给人整齐统一的感觉。

◀ 图4-85 钢丝做成网状结构，将建筑中的碎石箍在一起形成风格粗犷的墙体。

◀ 图4-86 不锈钢材质的围墙，现代感十足。

◀ 图4-87 解构主义风格的景墙设计，有着动感的造型和大胆的色彩搭配。

◀ 图4-88 发光景墙成为夜色中的亮点。

▲ 图4-89 造型简洁的木质座凳设置在园路两侧，掩映在葱茏的草木之中，是休息停顿的好去处。

▲ 图4-90 石质座椅，其饱满的形态，边角的处理弥补了石材坚硬冰冷之感，它会吸引你寻找一个位置坐下，静静观赏夕阳下的大海。

景观环境为主要目的。景观照明类型包括道路照明、广场照明等功能性造明，也包括建筑照明、庭院照明、水景照明、植物照明等装饰性照明。常见的景观照明灯具设施有路灯、景观灯柱、地灯、草坪灯、庭院灯、水下射灯等。路灯是最常见的照明设施之一，常用于道路空间的照明，路灯常规高度为15m～20m左右，高一点的路灯，尺度在20m以上，路灯的照度和色彩根据具体要求确定。景观灯柱常用在广场、庭院等景观照明环境中，高度有高有低，注重灯柱的设计感。地灯常埋设在地面下，具有防水防尘的作用，常用于广场、阶梯等场所。草坪灯和庭院灯用于景观环境中的草坪、庭院、园路等处，除了满足夜间基本照明需求之外，对植物在夜间环境中有较好的烘托作用，而且草坪灯和庭院灯多种多样的造型设计即便是在无需照明的白天，也能成为园林景观环境中的美化装饰元素。水下射灯多用于水景照明，水景在灯光的映衬下才能在夜间焕发光彩。（图4-93）

3.树池

在硬质铺装地面上栽种树木时，在树木周边留出的一块没有铺装的生长空间，我们把这个生长空间叫做树池。树池是硬质铺装地面

图4-91

图4-92

图4-93

▲ 图4-91 弯曲的木质长凳贯穿于整个场地，空间因它的存在而变得生动有趣，它优美的曲线和亲切的尺度为人们提供了一个适合休息、交谈的空间。

▲ 图4-92 是座椅也是雕塑，它的尺度可能并不是完全按照人体工学来设计的，但它一定给人独特的感受。

▲ 图4-93 照明设施与庭院座凳结合，令人想要试试坐在光上的感觉。

上的树木生长的保护区域，能够有效防止树根附近土壤被行人车辆踩压，确保树根周边雨水和灌溉水的渗透，利于树木的生长和树根的扩散。带座椅的树池还能给人们提供休息观赏的空间。现代景观环境不但重视树池功能设计也注重形态的设计，丰富的形态能起到美化景观环境的作用。树池的长宽尺度由树木的规格、根系的大小确定，一般种植高大乔木的树池面积往往不少于120cm×120cm。

常见的树池类型有平树池、高树池和带座椅的树池三种类型。平树池边沿的高度与地面齐平或略高于地面，常用不锈钢、铸铁箅子覆盖，也可以直接以草和灌木覆盖，铺装鹅卵石也是常用的覆盖方式。高树池是指池沿高于地面的树池，一般高度在15cm～60cm，高树池更利于树木的保护，树池池体通常由砖砌筑，也可由木材包砌，池壁和池面可以用石材、木材、混凝土、鹅卵石等材料贴饰，树干周围的土壤常用花草灌木覆盖。带座椅的树池，是将座椅与树池结合的一种方式，尺度一般为220cm～300cm，座椅高度和座面高度与户外座椅设计相同。（图4-94）

4.其他

景观环境中还有其他许多具有不同功能的服务设施，尤其是针对不同类型景观空间的不同功能要求，还会专门设置特定用途的设施，例如道路景观空间的候车站、路障、自行车停放点等各类交通设施，小区景观环境中的儿童游戏设施、健身器械等，城市广场公园中的公共卫生、饮水设施等。

（三）景观雕塑

景观雕塑有表达景观主题、意境，装饰、美化景观环境，反映时代精神和地域文化特征，丰富人们的精神生活的作用。

1.景观雕塑的分类

景观雕塑的种类众多，根据不同的分法就有不同的种类。按空间形式分有浮雕、圆雕、透雕，浮雕根据其表面起伏的程度又可以分为高浮雕、浅浮雕；按其在景观环境中的作用可以分为纪念性雕塑、主题雕塑、装饰雕塑三大类；按艺术表现方式分为抽象雕塑和写实雕塑；按其表现内容可以分为人物雕塑、动物雕塑、植物雕塑、几何形体雕塑等；按材料可以分为不锈钢、铸铜、铸铁、铝合金等金属材料雕塑，大理石、花岗石、砂石等石材雕塑，人造石材、混凝土雕塑，陶瓷、玻璃纤维、玻璃、木质雕塑等等。

2.景观雕塑设计要点

（1）景观雕塑可增强景观空间的意趣性、感染力和参与性。雕塑的设计应与景观环境相互融合、映衬，使其成为环境中的焦点和趣味点，而不是与环境毫无关系的摆设。（图4-95~图4-98）

▲ 图4-94 人行道平树池，铸铁盖板结合树底投射灯，多种用途综合从而避免了造型的琐碎。

▲ 图4-95 叶片形态的雕塑，设置在庭院中如同飘落在地面上的树叶，盛一叶水，充满生趣。

▲ 图4-96 台湾屏东海洋生物馆前的喷泉雕塑，生动的海豚配合喷泉，栩栩如生的动态，就像是海豚正从水中一跃而起，瞬间被定格一样。

▲ 图4-97、图4-98 仿动物形态的雕塑不仅有装饰效果，也是孩子们游戏攀爬的好去处。

（2）雕塑的尺度设计包括两个方面的内容。其一，雕塑本身的尺度应与其所在的空间的大小和尺度相协调。其二，雕塑的设置应考虑到与欣赏环境的半径关系，人与雕塑之间应有适宜的观赏距离，确保人们能够远距离观赏雕塑的全局也可近距离观察、接触。

（3）景观雕塑的色彩可以强化雕塑在景观空间中的表现力，尤其是装饰雕塑具有强烈的造型美感，再结合丰富鲜明的色彩，更能表现独特的艺术魅力。（图4-99）

（4）同样的雕塑造型因材质的不同会呈现出完全不同的视觉效果，如石雕给人古朴自然之感，不锈钢材料雕塑简洁现代，青铜雕塑华贵厚重，玻璃材料清透多变。材料的选择是雕塑风格的重要决定因素。

（5）雕塑可与水景、草坪、花木、山石、建筑等其他景观要素组合搭配成景，形成富有情趣的景观组合。（图4-100）

▲ 图4-99 形式极具构成感的现代雕塑，橙色在空间中特别明亮突出。

▲ 图4-100 透明材质做的植物种植箱，阳光下它随光影时隐时现，植物仿佛悬浮在空中，给人奇妙的视觉体验。

六、单元教学导引

目标

本单元的教学目标是对现代园林景观设计的具体内容做了详细的分类，并对不同的造景要素的功能特征作了详细的讲解和分析。通过理论知识的讲授和具体图例结合，让学生掌握现代园林景观设计所包括的各类设计要素及其设计方法，为具体的园林景观项目的设计奠定基础。

要求

通过各种教学方式，让学生掌握园林景观设计各要素的类型、作用、具体运用、设计要求和方法。

重点

本单元重点有两个方面，首先是对园林景观设计不同造景的要素、类型、特征以及在园林景观环境中的作用的认识；第二是学生对于这些造景要素设计的要求和方法的掌握。

注意事项提示

这部分的内容非常多，需要掌握的知识点也很多，教师在讲课时应采取多种教学方式相结合的方式提高学生学习的积极性。如用经典的案例图片佐证，让学生做课堂小课题的练习，课堂提问和讨论，有针对性地进行作业辅导等。除此之外，学生外出考察也是非常好的学习方法，通过实地拍照、手绘、测绘等可以加深学生对这部分知识的理解，并将理论知识转化为实际经验。

小结要点

学生对于本单元的理解度如何，尚存在什么问题？本单元内容较多，学生接纳时的承受力如何？是否较好地把握？学生对于园林景观设计各造景要素的类型、特征、设计方法的理解掌握程度如何？学生在实地考察过程中有些什么样的体会？

为学生提供的思考题：

1.现代园林景观的造景要素与传统园林相比较有哪些不同?
2.现代园林景观造景要素有哪些?
3.铺装设计包括哪几个部分的内容?
4.水体景观设计的形式和方法有哪些?
5.植物造景的原则是什么?
6.阶段设计的要点是什么?
7.园林景观设计的服务设施包括哪些内容?

学生课余时间的练习题：

课堂作业的延续。

为学生提供的本单元参考书目：

金涛编著.园林景观小品应用艺术大观.中国城市出版社
[美]诺曼 K.布思著.风景园林设计要素. 中国林业出版社
广州市科美设计顾问有限公司 编著.景观设计与手绘表现.福建科学技术出版社
《景观设计》杂志
王晓俊编著.风景园林设计.江苏科文技术出版社

本单元作业命题：

1.以实地参观的园林景观环境为目标（具体项目由教师决定，但项目规模宜小而精）作考察报告。
2.分小组绘制平面草图，测绘场地。将场地平面图、立面图按一定的比例绘制出来。
3.可现场手绘也可拍照后再手绘两张场地的透视效果图，选择具有代表性的造景元素如植物、水体、小品等手绘效果图各一张。

作业命题的缘由：

对实际场地的参观考察、测绘等工作可以将学生的理论知识融入实际的项目之中，加深他们的理解。

命题作业的具体要求：

1.可以按自愿的原则将学生分成小组，方便具体操作以及强化学生团队合作的能力。
2.项目的考察报告应包括阐述该项目相关情况、造景要素的设计方法、设计的亮点、设计的不足之处以及改进的建议和意见等内容。
3.平面图、立面图以及剖面图的绘制应符合所学习的制图规范要求。
4.手绘图应完整漂亮，文字表达清晰，版式有设计感。
5.注明小组成员所负责的具体内容。作业完成后，由小组推荐主讲人讲述作业完成情况以及心得体会。

命题作业的实施方式：

装订成册。

作业规范与制作要求：

1.所有作业绘制在A3图纸上。
2.考察报告以文字说明的方式注写在图纸上，按平面图、立面图的绘制要求标注图名、比例、符号以及大致尺度。
3.作业按质按量完成，图面干净整洁。
4.装订成册并设计封面。
5.注明单元作业课题的名称、班级、任课教师姓名、学生姓名和日期等内容。

第 5 教学单元

现代园林景观设计的实践与运用

一、现代园林景观形式构成的基本元素

二、不同类型的现代园林景观设计

三、单元教学导引

5 一、现代园林景观形式构成的基本元素

（一）基本元素

构成景观形式语言的基本要素为点、线、面、体、形状、肌理、色彩等，设计师通过对它们的运用、组合、叠加形成丰富的景观视觉形象。

1.点

点是形式构成语言中最简单的元素，在景观空间中，点占据空间中的位置，并因其位置、大小、质地、形状、色彩的不同，形成不一样的视觉效果。点与点可以进行自由的组合，组合的数量多少、大小、形状、疏密不同其形态也不一样，如单点在空间中会形成很强的凝聚力，视线集中于点，点的辐射范围形成空间；点呈线性排列，会形成井然有序的行列效果，沿曲线、螺旋线、折线排列会产生动态感；多点阵列会形成面，若大小或间距形成有规律的变化，会带来节奏感和韵律感。

在景观环境中点元素的存在方式多样，可以是抽象的图案，也可以是色彩斑点，或者是某种点状实体。在景观设计中灵活巧妙地运用点元素，可以形成富有视觉魅力的景观形态。（图5-1~图5-3）

2.线

线是点运动后所形成的轨迹，在几何学中，线没有粗细，只有长度和方向。而在视觉艺术领域，线不但有粗细，还有色彩、质地、形状等。线在景观空间中的呈现方式多种多样，无处不在，如景观空间中的水体、道路、绿化带、地面铺装、构筑物等。（图5-4）

线有多种类型，有水平线、垂直线、几何曲线、自由曲线、折线、螺旋线等，不同的线带给人不同的视觉效果和心理感受，有人把线的这种特征称为线的感情性格。其中，水平线给人平静、安定、平和、辽远的感觉；而垂直线带给人庄严、向上、崇高的心理感受；几何曲线给人柔和、优雅、秩序、圆润的美感，而自由曲线则显得柔美、自然、生动、随性、活泼、个性鲜明；折线具有动态感，螺旋线给人升腾感。（图5-5）

3.面

面在空间的形象非常丰富，其种类可以分为几何形面、有机形面、偶然形面等。几何形面比较规则、明快，如正方形、圆形、三角形、多边形等；有机形面是自然界的有机体中存在的柔和的、轻松的、无规律的形态；偶然形面则是因自然或人工偶然或意外而形成的面，如溅落的墨迹、水滴，流水冲刷后的沙滩等，是最为自然的，很难控制的形态。在景观设计中，水面、铺装地面、景墙墙面、草坪、行列的树木垂直面、构筑物的构成面等都可以看作是面的形态，因此面的存在方式很丰富，表现手法也多样。除了形状之外，还可以从材质、纹理、颜色、尺度、图底关系等方式入手，打造具有视觉冲击力的景观面形态。（图5-6、图5-7）

4.体

体是通过面的移动形成的，有位置、长度、宽度、厚度，具有尺度感和体积感。体的类型很多，总的来说可以分为几何形体、自由形体两类。体在景观中的存在方式有两种，一种是运用体的造型形成的物体，如建筑体、构筑物、雕塑、整形植物、座椅凳子等；一种是通过界面围合形成的空间，这是空心的体，如构筑物、广场、庭院等。（图5-8、图5-9）

▲ 图5-1 图中深色的地面上用白色圆形小点形成矩阵，具有视觉凝聚感的石头以点的形态位于空间中，点元素的构成感强烈。

▲ 图5-2 地面上白色石材的点构成。

▲ 图5-3 植物以点的形态存在于空间之中。

▲图5-4 白色的石材以线状分布于面状的绿色草坪之中，质地、色彩分明。

▲图5-6 抛光的深色花岗石铺装地面如同镜面一样光滑、亮丽，云影天光、绿树倒影于其中，与白色石材和木材地面组合形成极具表现力的搭配。

▲图5-7 灰色板岩形成层层叠叠的地面，呈现出自然、原始、质朴的美感。

▲图5-8 现代造型的植物种植池与座椅结合，体量感十足。

▲图5-5 线条构成感强烈的现代景观设计。

▲图5-9 构筑物的空心体块，虽然体量大，但因其是空心而不至于过于笨重。

▲ 图5-10 由点、线、面等基本形式元素构成的几何形态平面，现代、明快、简洁。

▲ 图5-11 用偶然无规律的形式构成的景观，具有偶发性特征，充满了生命力和可变性。

5.形状

形状是指物体的表现形式，是人通过视觉可以观察到的物体基本特征之一。景观环境中的空间和物体无论大小皆有其形状，总体来说可以把各种形状概括为两大类：几何形和自然形。

（1）几何形

几何形是指以数学规律为基础的具有逻辑性、理性特征的图形，或是从实物中抽象出来的图线，如直线、曲线、正方形、三角形、圆形等等。几何形具有明快、单纯、规整、秩序等特点。（图5-10）

（2）自然形

自然形是指自然生成的物体形状，如山体、岩石、河流、湖泊、树叶、雨水、雪片等等。因为其形状很少为人力所干预和影响，表现为偶然的、无规律的、自由生动的、富有生命力的、自然的特征，更贴近生物有机体的状态，也常常为景观设计师大量运用。（图5-11）

6.肌理

所有构成景观环境的物体都有着不同的表面纹理和质地，有的光滑、有的粗糙，有的柔软、有的坚硬，这就是肌理。人们可以通过眼睛看到肌理，也可以通过身体触摸到肌理，不同物体的肌理给人不同的心理和生理感受。景观设计中常常运用材质肌理来产生对比效果。如植物叶片，有的叶片手感粗糙单薄，皮革质的叶片却细腻厚实；河岸石头的坚硬更能衬托出水的柔性易变；冰冷光亮的金属与自然质朴的天然木材有着截然不同的肌理质地；通透明净的玻璃与厚重沉稳的石材完全是两种材质表情；白粉墙面典雅传统，砖墙田园质朴，而金属材质的墙面则现代时尚。（图5-12）

7.色彩

环境中几乎所有的物体都有颜色，颜色是景观环境中必不可少的，最直接最易于传达的一种形式语言。色彩带来不同的视觉审美感受并在一定程度上影响人们的心理和情感体验。在园林景观设计中，不同类型和质地的景观元素有着不同的色彩，而这些色彩不是固定不变的，光线的强弱明暗、时间的推移演进、环境色的影响会使景观元素的固有色发生变化。如晨昏光线的变化会使人们观察到的色彩产生细微的变化；季节的变换，植物花叶的色彩会随之发生变化。（图5-13、图5-14）

图5-12

图5-13

图5-14

▲ 图5-12 平滑的石材与粗糙的石材形成肌理丰富的地面景观。
▲ 图5-13 红色曲线形的椅子与苍翠碧绿的草丛树木形成鲜明的红绿对比。
▲ 图5-14 空间中用两组色相对比，鲜明的红与绿、蓝与黄搭配，具有强烈的装饰美感。

8.尺度

园林景观设计作为空间设计，必然与尺度有着密切的联系。尺度涉及景观空间长宽、高低、面积、体积以及空间中元素的大小、多少等方面的内容。适宜尺度意味着空间整体和细部体量的合理性，合理的尺度使空间和景观元素具有美感且使用舒适。尤其是空间中的建筑物、构筑物、小品设施等与人的使用息息相关的构成元素，必须适宜于人体尺度并符合人的使用习惯和审美需求。（图5-15）

当然有时候，也会利用尺度的异变来达到与众不同的视觉观感，如把人们所熟知的物体作较为夸张的放大或缩小处理，使其与人的常识或惯性思维发生碰撞，形成令人惊奇的视觉语言，给人留下深刻的印象。通常这种设计只用于那些装饰性大于功能性的景观元素设计中，如景观雕塑、景观构筑物等，一些概念性景观设计也有做一些超乎通常尺度的设计。（图5-16）

（二）基本形式元素的构成方式

1.重复构成

将单一的形式元素按特定规律重复排列会形成新的形式语言，再通过元素的大小、位置的变化，使其更为丰富有趣。重复构成又包括自由散点式、带状行列式、网格矩阵式等。（图5-17、图5-18）

2.渐变构成

渐变构成是将形式元素的形状、大小、位置、方向、肌理、色彩等按一定规律而渐次变化的构成方式，这种方式会产生强烈的秩序感和节奏感。（图5-19）

3.发射构成

元素以某一个点为中心呈放射状布置的构成方式。（图5-20）

▲ 图5-15 公共空间中，通道、座椅、树池的尺度设计应以人在特定空间中的行走、社交等活动尺度为参照，满足人们心理、生理、审美等方面的需求。

▲ 图5-16 两座景观雕塑通过夸张的放大尺度形成了富有表现力的视觉语言，在环境中的人与其他景物的参照下，更具有意趣。

▲ 图5-17 在自然起伏的草地上，白色的点元素重复运用形成带状行列式结构。

▲ 图5-18 相同大小、不同颜色和质感的体块重复构成矩阵式排列，统一中蕴含变化。

▲ 图5-19 庆义义塾大学屋顶花园，有规律的、渐大渐小变化的圆点产生了韵律感。

▲ 图5-20 圆形空间中，由红、黄、蓝三种颜色的材料构成的形式，自圆心向外呈发射状的地面铺装图案带来独特效果。

4.套叠

套叠有同心圆模式的套叠，也有非同心圆模式的套叠与其他形式的套叠。在景观设计中运用得非常广泛的是同心圆构图模式，它是以某一点为圆心，如水纹般向外扩散形成元素层层相套的形态，景观元素呈向心状布置在圆心周边。非同心圆式套叠，则是层层相套的形式，没有共同的圆心，相对于前者而言，少了一点规律性和惯性限制，更自由灵活一些。（图5-21、图5-22）

5.穿插

将不同色彩、肌理、形状的形式元素按某种规律或自由地组织穿插在一起，通过覆盖、重合、透叠、联合、分解、减缺等手段使具有不同特性的元素之间产生联系，产生出丰富有趣的变化。（图5-23、图5-24）

6.强调

强调是通过形式元素大小、高低、色彩、明暗、虚实等方面的对比，起到突出重点和强调其中某一元素的目的。（图5-25）

7.自然形的模仿、类比与借用

（1）模仿

模仿是直接将自然界中的形体运用于景观设计之中，如自然式园林中的溪水流泉，山石花木。（图5-26）

▲ 图5-21 灌木形成的圆套叠式构成，典型的同心圆构图模式，简洁、典雅而优美。

▲ 图5-22 用浅色石材形成的矩形套叠式构成，穿插于其中的景观墙、小径打破了套叠形式的完整性，更具现代感。

▲ 图5-23 木材与石材互相穿插和重叠，体块点缀于面之上，水的柔性与硬质铺装对比，浅色与深色映衬，多种设计元素组合，和谐又变化丰富。

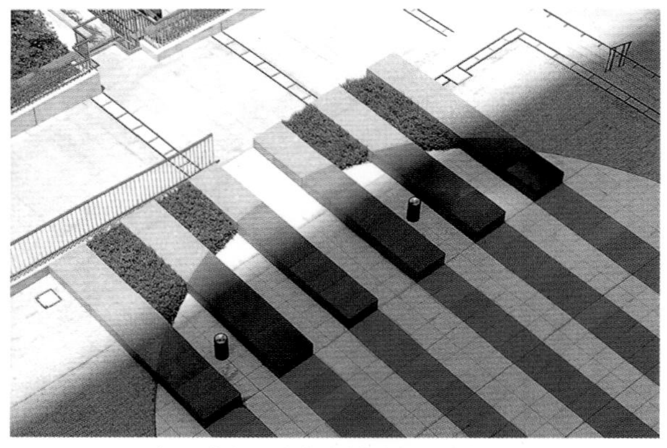

▲ 图5-24 深灰、浅灰、白色以某种规律穿插在一起，高与低的地面变化更加增强形式感。

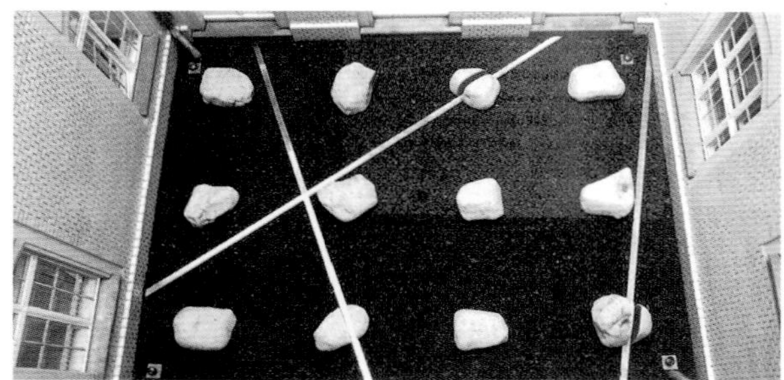

▲ 图5-25 白色的细长石条与体量较大的石头构成的点、线形态，在深黑色的铺地的衬托下对比鲜明。

▲ 图5-26 图中的山石水体酷似自然界中的原型，这是对自然山水的直接模拟。

（2）类比

类比是将源自自然界中的形体进行一定的改造提炼，使其类似但不等同自然界中的原型。（图5-27）

（3）借用

借用是将自然界中的形体借取过来，加以提炼，而形成新的表现方式，如借用雨水滴落在地上形成的水纹而做的设计，再如用自然界的树叶和叶脉的形状进行的设计。（图5-28、图5-29）

（三）空间

园林景观设计最重要的就是对空间的创造和设计。平面规划是设计的第一步，立体空间的塑造是最终的目标。

空间一直是建筑师、景观设计师、室内设计师所关注的焦点，我们最为熟知的空间概念就是建筑空间，建筑空间由顶面、底平面、立面三大界面实体围合而成。界面实体是形成空间的限定元素，而中间的虚空部分即是“空间”。建筑实体与建筑空间是相互依存的关系，没有建筑实体则不存在空间，没有空间则建筑就没有使用价值。

本质而言，建筑空间和景观空间都是由三类界面围合限定而成，并为人的活动提供所需场所的空间类型。景观空间是在某一场地范围内，由地面、墙面、建筑、植物、山石水体等元素围合、限定而成。与建筑空间相比，景观空间具有变化性、不确定性、易变性等特点。

1.空间界面

作为景观空间的限定元素，界面的类型和组合方式决定了空间的类型和效果。景观空间的界面由底界面、竖向界面、顶界面三部分构成。

▲ 图5-27 山的意象以石头代替，可以灵活地用在面积有限的景观空间之中，给人更大的遐想空间。

▲ 图5-28 用砂来呈现水纹的形态，石头与水纹表达山水意境。

▲ 图5-29 用不规则的石材拼贴，是干裂泥土的形态在景观空间铺地中的借用。

（1）底界面

景观空间的底界面即地面，是景观空间中各种景观元素、人们行为活动的承载面。底界面根据其材质特性可以分为硬质、软质两大类。硬质底界面由各种材料铺彻构成，如石材、混凝土、砖、木材等，其主要功能是为景观环境中的人提供活动、交往、交通所需场地，同时兼顾装饰性和观赏性。硬质底界面可根据硬质材料的色彩、大小、肌理拼贴搭配，形成美观的界面效果和空间区域的划分。

软质界面则主要由土壤、植物、水等要素构成，如草坪、水面、地被物、湿地浅滩等。软质界面具有可变性、生长性、可塑性的特点。植物具有生命力，随着时间的推移和季节的变化会发生变化，水体的形态会因其容器的形状、大小、深浅而有所不同，会因自然环境和周边的其他景观元素的变化而变化。可以说软质底界面的形态是非常丰富的，虽然在人的参与性方面略低于硬质界面，却是构成整体景观环境中不可或缺的一部分。（图5-30~图5-32）

在底界面设计中，还可以根据场地的地形特征丰富底界面形态，并起到强化空间限定程度的作用。如底界面高于周围地面形成高台或阶梯式空间，低于周围地面则可以形成内向性的下沉式空间。

（2）竖向界面

围合是构成空间最常用的方式，是用垂直方向的物体形成竖向界面来限定空间的做法。空间竖向界面的形态与空间围合程度有很大的关系，竖向界面的高度、位置、排列的疏密程度不同，空间围合的程度就不一样。如当竖向界面越低矮时，其围合程度就越低；当竖向界面的尺度超过了18cm,则产生了相当的封闭性；当竖向界面位于空间的转角处时，其围合的程度比较高。竖向界面的连续性和疏密程度是影响空间封闭程度的另一因素，即使高度相同，但通透不密实，围合程度相对就弱。（图5-33~图5-35）

景观空间的竖向界面构成形式很多，建筑、绿化、小品、灯柱、景观柱、栏杆、山体、景墙、水幕等都可以成为景观空间的围合限定元素。由于这些竖向界定元素在材质、形状、体量、虚实等方面各有不同，所围合形成的空间限定程度也不一样，空间的形态和氛围也不一样。（图5-36）

▲ 图5-30、图5-31 硬质地面与草坪的软质地面都是景观空间中常见的底界面形式。

▲ 图5-32 柔性水面、草坪与木质地面丰富了底界面形式。

▲ 图5-33 由低矮座凳形成空间的竖向界面，空间限定度低。

▲ 图5-34 较高的废弃钢板成为空间的竖向界面，其空间限定度高。

▲ 图5-35 两者相比较，竖向界面位于空间转角处的空间限定程度更高。

▲ 图5-36 种植架形成的空间竖向界面。

（3）顶界面

顶界面是指覆盖于空间顶部的限定元素。在景观空间中，有限定较为明确的顶界面，如景观建筑和构筑物的顶部结构、现代张拉膜结构等，也有限定相对比较弱的顶界面，如冠幅舒展的树木所形成的顶界面。（图5-37、图5-38）

2.空间的类型

根据空间的限定方式和程度，可以将景观空间分为封闭空间、开敞空间、半开敞空间、下沉空间、上升空间、架起空间。

（1）封闭空间

空间的围合度高，限定明确，空间呈内向包围状态，受外界的干扰少，安全感、领域性强。值得注意的是与建筑空间不同，围合界面高于180mm且四面围合的封闭景观空间很少见，尤其是在景观空间狭小时会令人产生压抑之感。景观环境中的封闭空间一般是通过边角封闭或三面、两面封闭的方式来形成。这类空间通常用于相对独立和满足一定私密性要求的景观环境中，如一些住宅区景观中的独立单元。（图5-39、图5-40）

（2）开敞空间

指围合程度低，没有明确限定的空间，与周围环境互相融合映衬，空间呈外向流动状态。开敞空间常用在需要视线开阔通透，行动无阻碍的景观环境中，如城市广场、街道空间等。开敞空间通常运用材质的变化、设立视觉中心等手段来形成空间的划分和限定。（图5-41）

（3）半开敞空间

半开敞空间是介于前两者之间的空间类型，有一定的围合，但围合程度低于封闭空间，通常采用植物绿化、矮墙、水体等手法形成空间的界面。（图5-42）

图5-37

图5-38

图5-39

图5-40

图5-41

图5-42

◀ 图5-37 金属材料构成的现代感十足的顶棚设计。

◀ 图5-38 看上去厚实笨重的顶面结构由纤细的支柱支撑，视觉的对比更强烈。

◀ 图5-39 三面围合的空间，限定性较强，绿色藤蔓植物缓解了封闭空间的压抑感，形成了私密性强的空间领域。

◀ 图5-40 下沉式封闭空间，因其圆形结构和沿上方挂落的水幕而充满趣味性。

◀ 图5-41 草坪、道路、小型广场之间几乎没有竖向界面分隔，用不同的材质铺装形成开敞空间，空气、视线完全是通透的，交通也无任何阻隔。

◀ 图5-42 圆形的场地空间与道路、绿化以铺装作为分界，低矮的灌木围合形成半开敞的空间，具有一定的领域感，但视线和空气完全流通。

（4）下沉空间

下沉空间是利用低矮洼地或通过地坪标高的下沉处理而形成的界限明确的独立空间。此类空间的标高比周围低，因此具有隐蔽性、私密性、安全性的特点。根据地形条件和设计要求，下沉空间可以有不同的下沉尺度，如果尺度较大，空间与边界可采用阶梯式过渡并在边沿处设置安全栏杆。景观环境中，演艺空间、旱地喷泉广场、体育场常常用到这种空间类型。（图5-43）

（5）上升空间

与下沉空间相反，上升空间是利用较高地形或通过抬高地坪标高使其高于周边环境而形成的空间。上升空间适用于需要重点突出某些元素的景观环境中，或者满足观景眺望需要的景观空间。（图5-44）

（6）架起空间

架起空间与上升空间有相似之处，都是高于周边环境的空间类型，是将建筑或构筑物抬高架起来，从而形成上下两层或多层空间的做法。（图5-45）

3.空间构成要点

（1）空间的尺度

园林景观空间的尺度关系到人们对于景观空间的视觉和心理感受，关系到空间与空间景观元素的匹配程度。景观空间尺度应满足人的行为活动要求，应与整体环境相协调。景观空间尺度的确定受多方面因素的限制，主要有以下几个方面：

①空间尺度受原始场地的地形、面积、使用功能的限制和影响，景观空间尺度不能脱离原始场地的条件限定。小地块与大地块的空间尺度不一样，其空间容量也会不一样，空间中的各景观元素的数量、体量、位置也会不一样。大尺度空间疏朗大气，在进行空间和景观元素的设计时应与其相适应，小尺度空间则力求精致细腻，以细节动人。

空间使用功能不同，空间尺度设计也会不同。例如道路景观设计中交通主干道与公园人行小道的设计，交通主干道设计注重车行、人行交通的便捷性和易达性，而公园人行小道则更注重提供给行人以舒适愉快的行走感觉，这两种道路空间在长宽尺度、道路设施尺度等方面的要求就不一样。

②人的尺度以及人际交往尺度。在景观空间中，人的尺度是景观空间尺度的主要确定依据。人在静止和活动状态下的尺度因性别、年龄、地

▲ 图5-43 利用地形形成的下沉式圆形舞台，观众座位背靠坡地俯瞰舞台，空间集中，界限明确。

▲ 图5-44 利用木地台搭成的上升空间，使平坦的地形环境产生更丰富的变化。

▲ 图5-45 架起的空间远远高于周边环境，是眺望观景的所在。

区、国家、种族不同而有一定的差别，空间尺度的确定应以区域范围中最常使用的人群平均尺度为参考。

人际交往尺度是指在特定空间范围内，不同人群之间交往的合理距离。人类学家爱德华·霍尔根据对美国白人中产阶级的研究，提出四种人际距离概念，他的理论对景观空间中的微观尺度有一定参考作用，如0cm～45cm为亲密距离，表现为亲人、朋友、恋人之间的距离；45cm～120cm为个人距离，朋友之间的交往距离，可以感知大量的体语信息；120cm～360cm为社交距离，是公事或礼节上较正式关系的人际距离；360cm～760cm为公众距离。

③人的视觉因素，视觉是人观察感知周边环境的主要方式，人通过眼睛获取信息，通过这些信息判断空间尺度的适宜性与合理性。视觉因素对景观空间尺度的影响主要有两个方面：一个是视觉对空间尺度的功能要求，一个是审美要求。功能性要求是空间的观察距离要求，不同的视距会使空间及其空间中的景物具有不同的观察效果，4.8m以内可以观察到对象的细致特征和人的细微面部表情；12m是可以看清人的面部表情的最大距离；20m～30m属于较为清晰的视距，能观察到景观的细部，24m左右是可以看清人脸的最大距离，在这个距离以内的空间景观为近景；70m～100m能够识别景观的类型，110m左右的空间是通常所说的广场尺寸，超过了400m人的眼睛就不能看清景物了，能看到人轮廓的最大距离为1200m。

良好的空间尺度能带给人愉悦的视觉感受，主要通过空间与空间、空间与围合界面、界面与界面、空间与景物、景物与景物等的大小、粗细、高低、疏密关系来丰富视觉审美体验。如大尺度的空间给人开阔、明朗、雄伟之感，小尺度空间有亲切感；单一的大尺度空间视觉流程短暂，信息量有限，而利用地形以及高低、大小不一的植物、山石、水体、建筑、构筑物等景观元素划分出不同的空间单元，给人丰富多变的视觉景象；通过空间中的不同尺度的对比、参照、映衬形成景观的主从虚实关系，丰富景观空间层次，烘托主体景观；通过空间尺度的变化，引导视线，让人们体验空间的开合变化等等。（图5-46、图5-47）

（2）空间的密度

园林景观空间的密度是指空间中各景观要素的数量、大小在空间中所占的比例以及它们在空间中的配置方式。景观空间中，如果景观元素的数量少、体量小，则使空间显得空旷开阔，相反则幽闭密集。在空间中进行景物配置时应注意避免过度建设和建设不足，建设不足会导致空间的浪费以及空间审美的贫乏。过度建设则会使空间狭隘闭锁，视觉拥堵，影响植物的生长。

（3）景观空间构成的艺术处理手法

①围合与渗透

围合形成空间，渗透赋予空间变化。在景观空间中，围与透是相辅相成的，只有透而不围的空间会显得不够独立，甚至会过于零散，只注重围而没有透的空间则会显得闭塞、淤堵，缺少变化。围合与渗透用在单个空间中，使小空间与外部环境产生交流，扩大空间感。围合与渗透用在群体景观空间中，使空间与空间相互穿插，彼此渗透，虚实映衬，既有各自的界定，又相互融合。（图5-48、图5-49）

图5-46

图5-47

图5-48

图5-49

▲图5-46 大尺度空间开阔而大气，远处天海一色，鱼形雕塑丰富了远眺者眼中的风景。

▲图5-47 小空间设计时，应注意景观构成要素的尺度应与空间尺度相协调。

▲图5-48、5-49 两个案例中都有明显的限定和围合，空间划分明确，也有空间的渗透，因此层次丰富。

传统古典园林中，对于空间的围与透的处理有独到的表现手法，即借景、对景、框景、漏景、障景等，这些表现手法对于现代园林景观空间的设计依然有着很高的参考价值和借鉴意义。

借景是通过在墙体、隔断上开启洞口或通过调整建筑物或场地的视点位置等做法，将外部环境的景观借用到园林中，使园林内外空间交流渗透，景物互相照映。借景的内容包括借形、借声、借味、借色等。

对景是指在园林中，观景点和与其遥遥相对的景物之间产生的对应关系，两组景物互为风景，相互采纳，遥相呼应。如园林建筑与远山楼阁、园林山石与自然山水，湖泊盛景与石桥飞廊等等。这种表现方式对环境的要求较高，受场地地形、尺度以及周边景观条件的影响。

框景是利用窗框、门洞等为画框，将景观收纳于画框之中，形成天然的图画的做法。窗框、门洞的形式不同，则图画的构图不同。

漏景由框景而来，由漏窗、花格屏风、疏林等虚界面透漏出景色的做法，框景景色完整，漏景则若隐若现。（图5-50、图5-51）

障景不同于前几种做法，是属于空间中的围合范畴。中国古典园林讲究“曲径通幽”、“一步一景、移步换景”，过于通透直白的空间表达不符合古典园林的审美情趣。障景即是在空间中运用建筑、植物、山石、景墙等元素形成视觉屏障，使人不能一看到底、一览无余，从而加深空间的层次感、纵深感。（图5-52）

②衔接与过渡

空间与空间之间存在过渡性的区域，即相邻空间之间的经过性空间，比如坡道、梯步、通道等。过渡空间本身在功能上没有太多要求，主要起到空间的衔接作用。过渡空间的设计如果处理不好，非但起不到衔接作用，可能还会形成无趣、累赘的负空间、灰空间，造成空间的浪费。苏州留园的入口廊道的精彩处理是古典园林过渡空间设计的经典案例，在进入入口之后便有一条狭长、曲折的廊道，人在廊道中穿行，随着空间的开合、转折，光线的明暗，花窗的形式变化，视觉感受和行走体验不断发生着变化，使行走中的人产生了步移景异、引人入胜的心理感受和视觉效果。一直到廊道的尽头，开阔的园林景观呈现在面前，经过前一段幽深曲折的穿行，此时的景观更令人眼前一亮，心情豁然开朗。

③对称与均衡

对称可以通过中轴线构图来达到，在空间中以一条有形或无形的轴线为分界线，在分界线的两侧

▲ 图5-51 现代园林景观空间中，也常常运用借景、框景等手法来起到丰富空间层次的作用，图中通过景墙上的圆形窗孔将远处的景观引用过来，在视觉中构成新的景观点。

▲ 图5-50 传统古典园中，通过在白墙上开窗洞形成借景效果，远景与近景相映成趣。

▲ 图5-52 半透明的隔断形成视觉屏障，令人无法一眼看透整个空间的格局，竹子本身与竹子的影像形成虚实相映的关系。

呈对偶状布置，类型、形态、体量相同或相似的空间和景物。这种空间处理手法在传统的中西方园林营造中都常见，能形成稳定、整齐、庄重的空间风格。（图5-53~图5-55）

均衡则不追求同质同量的对称布局形式，而是通过形式、色彩、肌理等的比重来形成视觉上的平衡感。均衡具有相对对称的形式美感，但更为自由、活泼。

（四）形式美学原则

虽然对美的感受存在着个体差异，且不同的时代、民族对于美有不同的评判标准，但美的事物之间有着共通的规律可循，人们在欣赏美与创造美的过程中将这些规律总结出来，形成了一套有关形式美的理论和原则，即形式美学原则。形式美学原则是艺术美的总体原则，作为艺术美的重要范畴，景观设计也可参照这些原则。

1.统一与变化

统一与变化是形式美的总规律，是形式美学法则的高级形式。统一是将各种景观构成元素统一在一个有机整体之中，表现为一种协调关系。

变化是指构成要素具有丰富性和复杂性特征，通过使用不同的形状、大小、质感、色彩的元素，改变其角度、运行方向、延伸轨迹等手段来产生变化。

形式统一则整体有序，形式变化则生动有趣。如果仅有统一没有变化，则呆板单调，如果仅有变化没有统一，则杂乱无章。在设计中应该注意，所谓统一是整体的统一，而变化是在整体统一前提下的局部或有序的变化。（图5-56、图5-57）

2.节奏与韵律

节奏与韵律是指设计中具有相似性和同一性元素的重复运用，由此而产生有规律的变化。节奏是有规律的重复，在设计中体现为形态、材料、色彩、肌理等形式要素的重复运用或同类型景物的重复运用等。

韵律是指有规律的变化，它使节奏出现强弱起伏、抑扬顿挫之感。节奏具有机械美，比较理性，韵律具有音乐美，比较感性。（图5-58、图5-59）

3.对比与协调

对比着重表现不同之处，包括大小对比、形式对比、冷暖对比、明暗对比、质感对比、繁简对比、疏密对比、虚实对比、动静对比等等，对比可以突显各种形式要素的特性，放大个体差异、增加变化的程度，有助于产生鲜明生动的美学效果。协调则相反，强调构成要素的共性，选择同类形式要素容易达成协调的效果，不同形式要素也可通过对轮廓、大小、形状、色彩的调整，或者找出它们的共同特性，并强化这种特性以达到协调的目的。（图5-60、图5-61）

▲ 图5-54 景观由道路分为两部分，虽然构图对称，但两侧的景观各有变化，形式更自由，景观构成更丰富。

▲ 图5-53 典型的意大利台地式园林，以中心阶梯为中轴线，两侧的景观呈对称状布置，整个景观规整、均衡、严谨、庄重。

▲ 图5-55 以中间叠水为轴线，两侧景观对称布局，但细节有变化。

▲ 图5-57 平整光滑的石材汀步与划分成小块方形的平静水面组合，两种截然不同的材质却呈现出一致的风格。

▲ 图5-56 色调、材质统一，通过形态的大小和排列来取得变化。

▲ 图5-58 同体量大小的体块重复运用形成节奏感。

▲ 图5-59 同一种景物的重复运用，并通过疏密度、色彩、位置的变化产生如同音乐抑扬顿挫般的韵律感。

图5-60

图5-61

▲ 图5-60、图5-61 空间中色彩的搭配形成强烈的对比，但因为色彩面积大小的差异以及自然色与人工色的搭配，使两组对比鲜明的色彩明亮且并无冲突感。

5 二、不同类型的现代园林景观设计

（一）广场景观设计

广场概念最早源自西方，意思为面积广阔的场地，早期用于民众集会或举行大型活动的场所。20世纪下半叶之后，由于城市的发展，城市功能分区的细化，广场逐渐具有更多的功能和内涵。现代景观设计对广场的定义是根据城市或规划场地的功能要求，为满足城市社会生活需要而建设的，具有一定规模和主题功能的节点型城市户外公共活动场所。城市广场能够在一定程度上提升城市形象，展示城市面貌，为城市提供交通集散、文化展示、商业贸易、灾难避护、绿色生态所需场所，满足市民休闲娱乐、组织集会、沟通交流等城市生活需求。

1.广场设计原则

（1）适应性原则

适应性原则包括四个方面的内容。

①广场设计必须与当地居民的行为习惯和生活方式相适应，注重广场设计对人群的可容纳性、易达性。

②广场被看作是城市的会客厅，体现了城市的面貌，广场设计应与当地的城市文化、历史、民风民俗相适应，突出城市特色。

③广场设计还应与当地的自然地理环境、气候条件相适应。广场应尽可能在全年内得到充足的光照

条件，若广场午时的温度在一年中超过55华氏度（12摄氏度）的月份少于三个月，应考虑配套室内公共空间。夏季炎热的地方应考虑遮阴设施，利用植物、花架、建筑等提供阴凉。

④广场设计应与城市的整体规划和用地要求相适应，考虑街区位置和广场类型的关系，与城市道路体系之间的关系以及与周边建筑间的关系，避免建筑反光造成视觉的不适应。

（2）主题突出，功能复合性原则

广场的开放性、包容性决定了它是城市各种文化的集中展现场地，设计应突出相应的文化主题。同时，广场是市民活动空间，广场功能设计需要满足多种人群的使用需求，为了避免使用的冲突，应设置不同的功能分区。

（3）效益兼顾原则

广场设计应体现社会效益、经济效益、环境效益并重的原则。

（4）绿色生态原则

广场作为城市中的节点空间，应成为城市中绿色生态系统中的一个环节，而不是断点。因此广场设计应遵循生态规律，减少对自然生态系统的破坏。传统的广场设计倾向于大面积的硬质铺装，少有绿化，而现代广场设计在满足广场基本功能的条件下，会考虑到绿化和其他人性化的景观元素的设计。

（5）形式美原则

运用丰富的设计语言和设计元素打造富有视觉美感的广场空间。如通过铺装材质的肌理、色彩、规格、拼接图案形成丰富多彩的地面形态，通过植物、雕塑、构筑物、喷泉水体形成广场空间的观赏点，通过空间组合穿插，空间界面的形态、色彩、肌理、高度的变化并借用广场外部环境中的景观形成丰富多变的视景效果。（图5-62、图5-63）

2.广场空间的界定

广场空间是由广场地平面及其周边竖向界定要素构成的，广场空间开放性特点决定了广场不可能像其他空间类型那样用围合限定性很强的立面界面构成空间，而是利用限定性较弱的半围合界面、场地地形的变化、地面材质的变化等方式来达成。以下是几种广场空间的形成方式。

（1）边界界定

广场周边的建筑、构筑物、树木、绿篱、草坪、围墙、灯柱、装饰物等元素可赋予广场空间的领域感。要注意，广场至少应有两面面向公共道路开放。（图5-64）

（2）中心界定

在空间中设置具有主题性和城市文化特征的标志物体来限定出空间，这种广场空间具有较强的向心性。（图5-65）

（3）高差界定

高差界定是通过广场与周边地形之间的高差变化形成的空间，如高于周边的抬高式广场，在高差变化大的地方应设置护栏，也有低于周边的下沉式广场。（图5-66）

（4）虚拟界定

虚拟界定通过采用不同的材料、地灯、色彩等方式形成周边环境与广场的分区。（图5-67）

3.不同类型的广场及设计要点

广场的类型较多，有不同的分类方式。按规模大小分有大型广场，如国家性政治广场、市政广场等；中型广场，如市民广场、小区中心广场等；小型广场，如庭院小广场等。按主要材料不同分有以硬质铺装为主的广场、以绿化为主的广场、以水体景观为主的广场等。根据广场的使用功能以及在城市中的定位，可以分为城市中心广场、交通广场、主题纪念广场、城市休闲广场、商业广场、小区广场。以下我们主要介绍按使用功能来划分的几种广场类型及其设计要点。

（1）城市中心广场

城市中心广场通常位于城市中心地带或城市行政核心地带，有着浓厚的政治、文化意义。这类广场应有较强的易达性，与城市主干

▲ 图5-62 由美国著名的极简主义设计大师彼得·沃克设计的加州南海岸中心广场，地面镶嵌金属板，喷泉水池由不锈钢同心环形成，形式感十足。

▲ 图5-63 西班牙巴塞罗那奥运会竞技广场，雕塑如同树林一般分布于广场之中，雕塑上方的黑色钢丝被风吹动，风的大小以及风向的改变都会带来多变的动感。

图5-64

图5-65

图5-66

图5-67

图5-68

▲图5-64 通过铺装形式、材料、景墙围合界定的弧形广场空间。
▲图5-65 用竖立在广场中心的大体量雕塑限定出广场空间。
▲图5-66 高差变化是形成空间的常用手法，图中所示的下沉式空间内向围合，界定明确。
▲图5-67 用材料、形态、图案区分出了广场空间与道路空间。
▲图5-68 圣马可广场，威尼斯的中心广场，一直以来都被称作是“欧洲最美的会客厅”，象征着城市的形象。

道连通，便于交通集中和疏散。城市广场的规模和布局根据城市的规模和使用性质而定。这类广场是城市重大公共活动如集会、游行、节日庆典活动等的举办场所，人流量大、聚集时间较长，必须要有充足的活动空间。因此广场中心地段以硬质铺装场地为主，保证视野开阔和行动通畅无阻，在周边可以设置公共设施以及绿化景观等，为市民和游客提供娱乐休闲活动场地。（图5-68）

（2）交通广场

一类是交通环岛广场，一般位于城市主要道路交汇处，通常的形式是环形岛屿状布置，以绿化、大型雕塑、构筑物为标志性景观。一类是交通建筑前的附属广场，如车站、机场、码头等处，是疏散交通车辆和人群的集散场地，也被称作站前广场。站前广场在规划时，应考虑广场与城市交通路线的衔接要方便易达，人车的进出站做到立体分流，避免出现交叉和干扰，各条线路要做到分区明确、动线简洁、标识清晰。（图5-69~图5-71）

（3）主题纪念广场

主题纪念广场是指以当地著名的历史事件、文物、人物、文化元素等为主题的，具有强烈纪念性质的广场。主要是以凭吊、瞻仰、怀念、游览为目的，担负着城市文化传播和民众思想教化的责任。这类广场的主体设计元素与纪念主题相关，在景观构图上要突出纪念的氛围，各景观元素的设计也应符合整体风格要求。当然，现代的主题纪念性广场，无论是主题元素的选择还是功能要求都逐渐向综合化、多元化发展，不但是提升城市文化、构建城市精神文明的重要场所，也可兼具科教、休闲、娱乐、康体等其他功能。（图5-72）

（4）城市休闲广场

城市休闲广场是城市非常重要的一个组成部分，它是城市环境美化中的重要环节，为城市居民提供娱乐、休闲、社会交往等活动的重要场所。因为这类广场具有充分的开放性和活跃度，能接纳各种不同群体的进入，在设计时既要考虑广场周边人群的普遍共性，又要考虑到不同年龄层次、不同性别人群的喜好和要求，能为不同人群进行有针对性的分区设计。休闲广场是以休闲娱乐为目的，在设计时应重在追求舒适、安全、乐趣、参与等方面的要求，在满足交通和集散需求的条件下，大面积的硬质铺装不易过多。注重植物多样性配搭，

▲ 图5-69 交通环岛广场，为了不妨碍过往车辆视线，中心圆形绿地以低矮灌木以及草坪为主，没有栽种高大乔木。

▲ 图5-70 渡口码头的站前广场是人车集散之地，广场的地面图案拼花用海螺的形状点明主题。

▲ 图5-71 日德兰半岛中心城市Kolding火车站广场夜间效果图，其与众不同的设计主题是“把夜晚进站火车回家的路变成一个光与色的发现地”，设计的重点在于照明、色彩。

乔木、灌木、花卉四季都具有观赏性，要充分考虑人们不同的娱乐休闲需求来设置相应的景观设施，令人们可坐、可休息、可散步，也可健身运动。（图5-73）

（5）商业广场

随着时代的发展，城市商业贸易活动的兴盛，城市出现了集购物、娱乐、餐饮、游乐等多功能的大型商业建筑所形成的商圈。商业广场则产生于这种新型的城市商圈之中。这种广场是商圈范围中人流循环集散的重要节点，为顾客购买和商家销售提供场所并营造繁荣的商业氛围。商业广场的设计要注重营造轻松活泼、热闹有趣的购物气氛，通过地标性构筑物、浮雕、雕塑、喷

▲ 图5-72 柏林石头公园广场，由2711块不同高度的普通水泥石柱按格栅形式布置于整个广场，用以纪念纳粹政权时代被迫害的无辜生命。

▲ 图5-73 战神广场，采用花园式平台的现代风格设计与城市的几何形态紧密结合，是当地城市居民休闲娱乐、散步的场所。

泉、植物花卉、休息座椅、路灯、广告牌、冷饮亭、遮阳设备等等景观元素打造舒适的购物环境。（图5-74、图5-75）

（6）小区广场

小区广场是住宅小区的活动中心，集居民游乐、观赏、社交、健身功能为一体。小区广场通常被布置在小区的人流集散地，小区中心位置、主要入口处等场地，其面积大小根据小区规模和项目设计要求来确定。大型住区的广场会设置多个，分散在重要的节点部位。小区广场设计应与小区的整体风格一致，结合园内功能分区和地形条件设置出入口。小区中心广场的平面形状多为规则的几何形，如长方形、圆形、椭圆形等。铺装以硬质铺装为主，选择防滑耐污的材料，通过材质铺装的色彩、图案拼贴结合绿化进行细致的设计。小区广场作为小区居民的公共活动场所，应为居民提供休息、运动、社交等活动的设施，布置园林建筑小品，如休息亭、廊架、花架、喷泉、花台、水体、座椅等。（图5-76）

（二）道路景观设计

道路是现代公共交通的主要类型，是城市空间的重要构成因素，道路景观通过四通八达的道路带状系统网络将城市景观联系在一起。除了交通功能之外，道路景观还是城市环境美化、城市生态环境保护以及城市历史文化传承的重要环节。

1.道路景观的类型

道路类型是根据道路交通性质、位置、交通路网中的作用以及通行速度和功能等标准来分类的，标准不同则分类有所不同，如按道路交通性质和位置可以分为两类，城市道路和公路；根据道路在路网中的功能和作用可以分为国道、省道、县公路等。

而道路景观的分类，应在这些标准之上再加上其他要素，应按道路的空间功能、沿街状况、自然环境等来划分。道路景观包括以下几种类型：城市市区内或市郊区的快速主干道景观、人车混流型道路景观、步行街道路景观、巷道景观以及其他特殊类型的道路景观。不同类型的道路，其景观设计的要求和方式也会有所不同，在设计时，应首先明确道路的类型，然后进行有针对性的设计。

（1）城市快速主干道景观

城市快速主干道是以解决城市交通问题为主要功能的道路类型。此类道路景观的设计应以驾驶者的需求为主导，考虑车辆在行驶状态下对景观审美的动态需要。

对于这类道路而言，植物的选择和配置十分重要，关系到道路的景观氛围、绿化效果以及适用程度。城市主干道植物生长环境不佳，具有水分匮乏、土壤透气性差等缺点，应根据道路绿化的功能要求和环境条件来选择适宜和抗逆性强的树种。

▲ 图5-75 由彼得·沃克设计的日本崎玉广场，是东京市郊商业中心的附属休闲广场，广场自然宁静的风格为商业繁华地带的人们提供了一处休憩场地。

▲ 图5-74 色调沉稳的商业广场用色彩鲜亮的花钵点状排列，装饰效果强烈。

▲ 图5-76 绿色环抱之中，尺度亲切宜人的圆形小区广场。

（2）人车混流型道路景观

这一类道路是指城市交通中步行者和车辆共同利用的交通空间。此类道路景观的设计应满足车行和人行交通两方面的需求，创造舒适安全、秩序良好的道路景观环境。（图5-77）

（3）步行街道路景观

步行街是以步行交通为主的道路类型，是现代城市空间环境的重要组成部分，它能集中反映城市社会文化总体特征，完善城市职能，塑造城市形象。步行街道路通常位于城市中心的交通集中区域，在这个区域内，原则上不允许机动车辆出入，只为步行交通提供活动场所。按步行街的功能侧重点来划分有商业步行街、旅游休闲步行街以及其他具有主题特色的步行街。

商业步行街是为城市居民、购物者提供的集购物、娱乐、休闲、观光于一体的场所。通过运用各种景观元素如植物、铺装、宣传广告、主题雕塑、休闲座椅等营造舒适、宜人的休闲购物环境和繁荣的商业氛围。（图5-78、图5-79）

旅游休闲步行街主要是旅游区或旅游城市中为本地居民或外地游客提供服务的步行街道，往往集旅游、观光、娱乐、休闲、购物等多种功能于一身。此类步行街应与所在城市的旅游资源结合起来，突出和展现城市的历史文化、民俗风情、地域特色。

（4）巷道景观

巷道指城市中比较狭窄的街道，在城市建筑比较密集的地段或传统老城镇聚落地段较为常见。这类街道随地形的高低起伏和建筑的开合而变化丰富。最大的特点就是空间竖向界面的围合度高，路面狭窄，内部空间曲折多变。巷道空间景观可在空间立面和地面铺装上取得变化，植物适宜选择耐阴的小型花木、草皮或藤蔓类植物。

（5）其他特殊类型的道路景观

这是位于某特定空间中的道路景观，如小区中的道路景观、公园路景观、风景区道路景观，还包括在某种特定自然环境中的道路，如滨河、滨江路景观，盘山道景观等等。这些道路景观设计要考虑特定空间中不同道路类型的景观设计标准和要求，以及人的使用需求，并注重把自然场地特征纳入整体景观设计之中。

2.道路景观构成要素及其设计要点

（1）道路本身

这包括路面、绿化、公共设施。

①路面

路面是人行、车行等交通活动的直接接触面，路面设计的视觉效果与使用功能是道路景观设计中最基本的环节。路面设计包括材料、色彩、形态等要素的组合搭配，不同类型的道路路面有不同的设计要求，高速公路、城市主干道等路面材料大多采用沥青混凝土，而人行步道常用花岗石、砖等材料。（图5-80、图5-81）

▲ 图5-77 人车混流型道路，道路一侧的人行小道以及休息座椅给步行者舒适的行走体验，车行道视野开阔，自然水体景观尽收眼底。

图5-78

图5-79

▲ 图5-78、图5-79 芝加哥昆西庭院步行街，用白色的花岗石、抽象树形的构筑物、闪光树脂桌营造了一个舒适、愉悦的步行与休憩空间。

▲ 图5-80 用深浅两种色系的石材铺设的人行步道，具有图案化的美感。
▲ 图5-81 道路的形态与路面材质铺贴形式契合，再加上对草坪曲线化的处理，使整个道路景观给人眼前一亮的感觉。

除了视觉审美因素之外，路面设计还应考虑到交通行为的方便性、舒适性以及安全性要求；如必要的防滑处理、路面坡度处理、排水散水处理、路面井盖设置等。

②绿化

道路绿化是道路景观的重要组成部分，其具体内容主要包括行道树、灌木、树池、花池等。道路绿化是道路景观空间的重要装饰、美化手段，并在城市生态环境保护、交通通行安全等方面也有着重要的作用。道路绿化根据其不同位置和功能分为道路两侧（路旁）绿化带、中央隔离绿化带、步车隔离绿化带、道路交叉点中央环岛绿化、道路林荫绿化带五个部分。

A.路旁绿化带

通常位于道路的两侧，也被称作是行道树绿化。应根据道路的尺度选择合适的绿化种植宽度，通常为4m左右，树木有大有小，乔、灌、草搭配层次分明，形成高低错落的韵律感。根据道路的使用性可选择不同的配置方式，如居住区附近的道路植物配置可以采用自然式配置，而靠近行政区附近的则可采用规则式配置。常用高大落叶或常绿乔木树种作为主景，如银杏、樟树、榕树、黄桷树等，树间距为5m～8m。

B.中央隔离绿化带

这是道路中央用于对向车辆分流用途的隔离带，其特点是强制分隔道路，达到限制交通流线的目的，对于保证车辆和行人交通安全与畅通起着重要的作用。为了不影响行车视线，中央隔离带绿化不适合种植高大树木，种植密度也不适合太大，植物种类常采用草坪和宿根花卉配搭低矮乔木、灌木。根据地下有无城市管网以及绿化带宽度情况来选用适宜的绿化方式，如宽度为2m以下有地下管网的，以草坪和宿根类花木为主；宽度在2m～4m无地下管网的，可以采用灌、草结合的种植方式；宽度为4m以上无地下管网的，可以配搭小型乔木。

C.步车隔离绿化带

车行道与人行道或自行车道之间的绿化隔离带，是为了确保路人、非机动车等通行安全，保护路人行走顺畅而设置的绿化种植带，通常宽度为1.5m左右，通常采用国槐、黄杨等树种。

D.道路交叉点中央环岛绿化

中央环岛位于道路交叉点，起到交通疏导作用。为使司机和行人的视线不被遮挡和干扰，这里不宜采用高大乔木，可采用小型乔木配搭灌木、花卉、草坪，形成组景。

E.道路林荫绿化带

这种林荫带主要是在公园园路、步行街道等道路一侧的绿化。尺度较宽，也比较独立，植物生长环境较前几种优良，因此可进行乔木、灌木、草坪、花卉等多种植物种类的合理配置，同时也可根据实际需要适当布置花坛、花架、廊架、种植池、园林桌凳等附属设施。（图5-82）

③公共设施

公共设施是指道路交通的配套公建设施，包括路障、交通指示牌、交通防护栏杆、公共汽车站、道路照明设施、市政管网设施、无障碍设施等。

A.路障是道路上设置的障碍物，主要用于限制机动车辆通行。路障可以有固定式和活动式两类，固定式路障一旦设置就无法移动，多用于需要长期限制车辆通行的场所。活动式路障是可以移动的路障，用于道路临时性限行。路障的材料和形态也越来越多样化，甚至成为景观空间中的形式构成要素。（图5-83）

B.交通指示牌是道路交通必备设施，虽然不完全属于景观设计范畴，但由于其重要的功能作用以及在道路空间占据明显的空间位置，在进行道路景观设计时也应将其纳入考虑之中，尤其是一些传统街道、商业步行街、旅游交通道路等，交通指示牌还具有展现街市风貌、城市文化特色的作用。（图5-84）

C.交通防护栏杆用于机动车、非机动车和行人的交通分隔，能提高道路交通的安全性，改善交通秩序。交通防护栏杆应有一定的高度、密度和强度才能起到拦阻、警示的作用。同时，护栏的材质、形式造型、色彩的设计能起到丰富道路景观环境的作用。

D.公共汽车站属于城市环境设施的重要类别，是城市交通设施中最具有设计感、文化性、地域性的元素之一，好的设计能起到展示城市文化，推广和宣传城市形象的作用。公共汽车站的设计应实用、新颖、细节完善。

E.道路照明设施是道路夜间交通安全的重要保证，同时作为城市照明系统中的一部分，好的道路照明设计能够提升城市夜间视觉效果。道路照明设施主要有路灯、霓虹灯、投光灯、泛光灯、地灯等。（图5-85、图5-86）

F.市政管网设施包括天然气、电气、通信电缆、排水设施等，是道路景观设计中不可忽视的一部分，它们大多埋藏在地下部分，却影响着地上景观的构成。它们的位置决定了地上景观构成要素的位置和形态，例如网管之上的土层厚度会对道路绿化的设计带来限制。在进行道路景观设计之前必须要了解地下管网设施情况，才能保证景观方案的可实施性。

G.无障碍设施设计的普及程度是检验一个城市的文明发展以及城市包容性、人性化发展程度的重要标准之一。道路景观设计中的无障碍设施是为了满足不同程度生理伤残缺陷的人和正常活动能力衰退的人群在道路交通方面的使用需求。无障碍设施的具体设计应参考相关国家规范的要求进行。

（2）环境要素

环境要素包括人工要素、自然要素两部分，人工要素是指沿街建筑物、构筑物、广告牌、广场等。建筑物是城市街道景观的重要组成部分，是构成道路景观空间中无法忽视的竖向界面，有时候也常利用一些标志性的高楼、高塔等建筑与

图5-82

图5-83

图5-84

图5-85

图5-86

◀图5-82 道路两侧的高大乔木形成深邃的视觉空间。
◀图5-83 车行道与人行道之间的固定路障设施，造型简洁，与人行道的铺装设计协调统一。
◀图5-84 美国达拉斯市，市内统一的指示牌，造型简单，通过鲜明的色彩和图示指明方向和路线，表达简洁易懂。
▲图5-85 好的道路照明设计不单要满足功能需求，还应为夜间城市道路景观增添光彩。
▲图5-86 灯柱具有设计感，即便是白天也能成为环境中的亮点。

道路形成轴线关系。自然要素是指自然环境中的山、水、河流、湖泊、森林等。如果场地中有此类自然要素，应充分加以应用，可以创造出富有地域特性和个性化的道路景观。（图5-87）

（3）交通活动

人的活动是设计的前提条件，在进行道路景观设计之前，应考虑作为道路使用主体的人的活动需求。如商业步行街、传统老街道等这一类人的活动参与非常频繁的道路类型，就必须以步行者、骑行者的交通需要为主要参考标准。而以机动车交通为主导活动的道路，机动车驾驶者对景观构成的要求则更为重要。（图5-88、图5-89）

（4）其他因素

季节、天气、早中晚时间段等因素属于道路景观空间构成的可变性因素。不同的季节，道路景观会呈现出不同的面貌，天气的寒暑、雨雪变化会影响道路景观的状态。这些可变因素应纳入道路景观设计之中，充分考虑它们对道路景观在审美和功能方面的影响，满足道路景观在不同季节和气候条件下的使用需求，增加道路景观的个性特征，丰富道路景观的视觉语言构成。如冬季对道路雨雪的处理方式，具有季相变化的植物选择，雨季道路设施的设置，晨光下的道路，暮霭中的道路等等，都可以通过设计来完善其功能和强化其美感。

（三）城市公园景观设计

城市公园是城市绿地系统的重要组成部分，是一种为城市居民提供的自然化的休闲游憩环境，也是城市文化、市民文化传播场所。城市公园最基本的功能是为城市居民提供休闲娱乐场所，它有着大面积的开放空间，在城市防火防灾等避难应急方面也起着非常重要的作用。从长远来看，城市公园可以作为城市预留土地，为城市未来建设和规划提供可能性。作为城市绿地的重要组成部分，城市公园能带动周边地区的商业、旅游业、房地产等行业的发展。城市公园有着大面积绿化，使其成为城市的“绿肺”和天然氧吧，能够改善和缓解城市环境污染状况。具有历史、文化、美学价值的城市公园景观会成为城市中环境美化的重要一环，带给人们美的感受。

1.城市公园类型

（1）居住区公园

居住区公园指社区范围内修建的公园类型，具有区域性特点。

图5-87

图5-88

图5-89

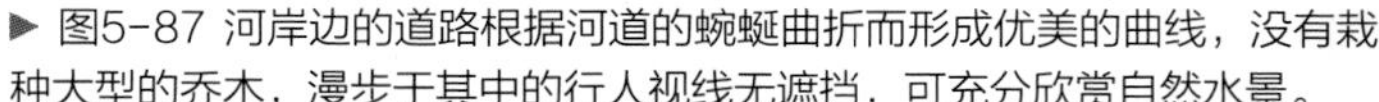

▶ 图5-87 河岸边的道路根据河道的蜿蜒曲折而形成优美的曲线，没有栽种大型的乔木，漫步于其中的行人视线无遮挡，可充分欣赏自然水景。

▶ 图5-88 步行道的设计应满足行人的行走需求，尺度亲切舒适、环境宜人，小品设施齐全。

▶ 图5-89 自行车道的设计包括路面的绿化材质、色彩。骑行道、观景台、停靠设施的设计应满足骑行者的心理、生理和视觉需求。

（2）综合性公园

综合性公园是为整个城市居民服务的，是面积较大、活动内容和设施较完善的公园。（图5-90、图5-91）

（3）滨水、滨江公园

滨水、滨江公园是一种以城市中的水体为主体的公园类型，通常呈带状分布在水体沿岸。

（4）风景名胜园

风景名胜园是以开发、利用、保护当地的风景名胜资源为基本任务的公园，如杭州西湖风景区、峨眉山风景区等。

（5）专项公园

专项公园是一种以某种功能为主导的，带有专项性质的公园类型，如以植物的科学研究、科普、展示为主的植物园，以动物研究、饲养、展览为主的动物园，以游乐为主的游乐园，以异国文化为主题的主题公园等。除此之外，还有很多服务于某一特定群体的公园类型，如儿童公园、疗养公园等等。（图5-92）

2.公园设计的要点

（1）充分详实的前期准备

全面收集公园项目的相关资料，包括城市总体规划标准，项目所在地的周边环境情况，气候、水文、地质等数据资料，与项目直接相关的图纸、文字资料，实地勘察之后所获取的图、文、视频资料，同类型公园项目调研资料等等，然后有重点地整理、总结、分析、研究这些资料，形成自己的理解和判断，为后面的设计工作奠定坚实基础。

（2）准确恰当的定位

公园设计定位不一样，其设计的主题、内容、功能、服务对象以及设计语言形式也就不同。通常情况下，在设计师接收到项目之前，该项目在城市规划中已确定了其基本性质，比如说该公园究竟是综合性市民公园、风景名胜园，还是儿童公园、动物园，性质不同，设计的定位和方式当然也会不一样。设计师对项目的定位会受当地相关法规要求的限制和影响，但这并不是说设计师没有主动权，相反，该公园最终会在城市环境中处于什么样的位置，扮演怎样的角色，产生多大的社会效益和影响力，在同类型公园中如何保证自己独有的特色，很大程度上跟设计师个人的理解、修养与创造能力有关。（图5-93）

（3）意在笔先

在进行具体的图纸设计之前，很重要的一步是设计师的立意与构思。立意与构思可以说是任何艺术创造的第一步，并贯穿于艺术创作整个过程，影响艺术品或设计作品的最终效果。在公园设计中，立意就是指整个设计的主题思想，而构思则是立意的延续，是在主题思想确定之后更具体化的工作总原则，来指导设计工作的进行。（图5-94、图5-95）

（4）合理的整体布局规划，细致的分区设计

公园的布局规划要全面考虑、整体协调，处理好公园与城市环境

◀ 图5-90、图5-91 布嘉勒森林公园，改造设计的目标是使这片原生态森林与外界的联系更加便利，通过宽阔的步道结合长凳、指示牌和路标等元素将森林连接成一个整体，为游客提供丰富的景观视野和游乐条件。

◀ 图5-92 德国奥林匹克公园，是1972年第二十届夏季奥运会的举办地。

▲ 图5-93 位于加拿大多伦多安大略湖的滨水公园项目的成功，证实了即使是面积最为狭小的普通项目也能成为可创新的空间，其新型绿色景观空间唤起了人们对久违湖畔时光的美好回忆。

▲ 图5-94、图5-95 安大略湖滨水公园设计团队从乔治·修拉的名画《大碗岛的星期日下午》获得了设计灵感，用融合色彩、光影的现代设计手法重现了画中描述的平静、悠闲、倦怠的下午时光。

间的关系，合理安排公园各个功能空间和组成部分的位置、关系。整体布局规划包括公园出入口位置的确定，各功能空间和各景观元素的规划布局等方面的内容。

①公园出入口位置

《公园设计规范》对公园出入口位置的设置提到："市、区级公园各个方向出入口的游人流量与附近公交车设站点位置、附近人口密度及城市道路的客流量密切相关，所以公园出入口位置的确定需要考虑这些条件。"公园出入口一般分为主入口、次入口、专用入口三种。主入口的位置确定应根据城市环境、交通、地形以及园内功能分区来确定，通常选择城市交通主干道汇集处设置。次入口可根据园内功能区域来确定，有的公园会在周边不同方位设置出入口。专用出入口则是指为某特定功能或特定人群设置的，例如专门为公园管理者所设置的通道。

②公园功能空间的规划布局

除了公园出入口空间之外，公园的功能空间还包括中心广场、各类游园、文化娱乐区域、公园管理区等内容。

A.中心广场

中心广场是公园的主体活动场所，是游客人流集散场地，通常位于公园主入口或中心地段，若在公园入口位置需考虑与公园大门、公园游客中心、停车场、小卖部等附属设施配合设计。

B.各类游园

游园是根据不同的主题、不同的活动性质或不同的服务人群进行的有针对性设计的游园空间区域，如儿童游乐区、老人活动区、休息区、植物观赏园、水主题园等等。（图5-96~图5-98）

C.文化娱乐区域

大型综合性城市公园通常会设置专门的文化娱乐区域，有相应的活动场地、专门的建筑体以及娱乐设施。这一区域相对人流量较大，提供的也是有针对性的服务，因此要注意合理的交通线路规划，其位置最好在公园出入口附近。（图5-99）

D.公园管理区

公园管理区是公园管理人员的工作场所，是纯粹的功能性区域，通常应布置在公园中不太显眼的位置，可以为员工设置专门的出入通道。

③景观元素的规划布局

它包括建筑物、植物种植、地形设计、水体景观等要素的规划设计，这些景观要素并不是孤立存在于公园环境之中的，它们相互依存、相互影响，因此在总体布局时就应综合考虑这些元素，使它们协调统一。

（5）尊重人的行为习惯

公园的服务主体是悠闲放松状态下的人，在进行设计时，必须要充分考虑他们的行为习惯，满足他们的心理需求。比如，由于生理构造的原因，人在闲散无目的的状态下散步会习惯性左转，这可能会影响公园道路

的方向、流线设计。再如，人在行走过程中有求近心理，因此常常看到一些草地边角处被人踩踏出一条小路，设计师应注意避免这种情况。同时，人有从众心理，如果公园中某一区域人群集中，会吸引更多人的关注，作为设计师应考虑采用适当的方式进行合理的引导，如果需要吸引人群，则要从场地大小、景点的趣味性等方面考虑。当然，人与人之间还存在着一定的社交距离，设计师应以此为参照来确定空间场地、设施的尺度等。（图5-100）

（6）借鉴传统造园艺术手法

中国古典园林造园艺术可谓是博大精深，许多手法仍值得当代园林设计师借鉴。传统园林经典的造园手法有借景、框景、对景、漏景等，通过现代的理念和语言使传统焕发新的光彩，通过传统的艺术手法使现代园林增添内涵。

（四）住宅小区景观设计

住宅小区环境景观设计是运用景观设计的手法美化住区空间环境，满足住户生活、休闲娱乐、邻里交往、体育锻炼等活动需要的造景活动，旨在为住户提供舒适、安静、愉悦的居住环境。

1.设计原则

（1）生态化原则

住宅小区景观设计的生态化原则包括两个方面的内容。一是指规划、设计、施工过程中的生态化要求，尽量做到因地制宜，节约资源、能源、材料等，减少污染，避免破坏自然环境。二是指小区景观环境应该是一个自然生态的绿色空间，充分利用新技术、新产品、新理念，营造舒适的小区环境小气候，加强住区环境的自然通风采光能力，建立和完善小区内供水排水、供热取暖、垃圾处理等物质系统，营造环境优美、生态优良的小区空间。

（2）人性化原则

小区景观是为人服务的，因此人性化设计是小区景观设计的根本出发点，在保护整体自然生态环境的前提下，把人的需求放在设计的首要位置。设计内容都需要围绕这个出发点进行，满足居民的心理需求和使用要求，营造舒适安逸、安全温馨、具有归属感的居住环境。环境中的各个空间、要素的设计要适应不同住户的使用要求，针对不

图5-96

图5-97

▲ 图5-96~图5-98 公园中的各类游园给游人多方面的选择，不同的人群可以去到不同的游园感受公园带给人的诸多乐趣。

图5-98

▲ 图5-99 草坪、舞台为演绎者和观众提供有针对性的服务，他们可自得其乐。

▲ 图5-100 行走在只能容纳一个人的花径之上，独享宁静与悠然的漫步时光。

同年龄群体的住户提供相应活动空间，空间的大小、铺装材料、附属设施、标高变化都应符合空间使用者的要求。功能分区应注重动、静分区，为居民提供便捷路线的同时不干扰居民的正常生活和休息。在植物的选择上，应少用带刺植物，禁用有毒的植物，低层住户房前房后绿地应该起到规避视线和噪声干扰的作用，同时不影响通风采光。

（3）个性化原则

景观艺术同其他所有的艺术门类一样，把创新看作其发展的生命力，缺乏创新意识，抄袭模仿之风盛行会造成很多小区景观设计出现千篇一律的面貌，使小区景观严重缺乏个性特色。（图5-101）

（4）美学原则

小区环境景观设计的初衷就是为住户打造一个优美的居住环境，满足人们视觉审美需求是小区景观设计的重要任务。统一与对比、节奏与韵律、对称与均衡是经过时间证明和实践检验而形成的美学基本构成原则，它同样也适用于小区景观设计之中。

（5）经济实用原则

经济实用原则是指住宅小区景观设计应符合开发商的市场定位和建造成本。经济实用原则主要应考虑修建成本和维护保养成本两个方面。小区的景观并不是说材料有多高档、做工有多繁复、风格有多新颖，效果就会有多显著，环境景观打造就会有多成功。而是要在满足审美需要和使用要求的情况下，把握好建造尺度，因地制宜、就地取材，尽量做到降低能耗、节约资金，减轻住户的物业费用。

2.设计要点

（1）丰富的户外活动场地设计

小区户外活动场地包括中心广场、休闲娱乐场地、健身运动空间、儿童和老人活动空间。

①中心广场

小区中心广场是整个小区居民活动交往的中心空间，位于较开阔宽敞的地带，其主要功能在于突出小区特色，汇集小区居民，增进邻里感情，展现小区文化，形成氛围良好的社区环境。中心广场既要能够为较为大型集中的小区居民活动提供集散场地，又要对空间合理分区以满足小群体、个体交往活动的需求。（图5-102）

②休闲娱乐场地

休闲娱乐场地是规模小于中心广场的空间，常分散布置在小区中，为场地周边的住户提供休闲娱乐场所。休闲娱乐场地可以为居民的体育健身活动设置相应设施，也可以结合喷泉、水体、林地、树阵、构筑物、草地、景墙等休闲景观项目，使居民有休闲活动空间，也有美景可观赏。（图5-103、图5-104）

③健身运动空间

健身运动空间应考虑在居民能够就近使用又不会扰民的区域进行设置，不允许车辆穿越运动场地。根据设计项目要求和场地情况设置网球场、羽毛球场、篮球场、跳舞场、游泳池等。健身运动空间的设计要参照相关设计规范进行，有条件的情况下考虑使用更为方便的附属设施，如遮阳设施、更衣室、等候空间、夜间照明灯等。小区游泳场的设计要注重安全性要求，根据功能需要分设儿童游泳池和成人泳池，儿童泳池深在0.6m～0.9m为宜，成人泳池为1.2m～2m。池岸地面采用防滑材料铺装，池体边沿必须进行圆角处理。

④儿童和老人活动空间

儿童与老人是小区活动人群的主体，他们是小区中活动时间最长的人群，因此通常需要为他们设置相对独立、安全、方便的空间。（图5-105、图5-106）

A.儿童活动空间设计要求

第一，根据儿童的年龄和性别进行有区别的设计。

▲ 图5-101 廊架具有很强的设计感，色彩搭配鲜明而亮眼。

▲ 图5-102 铺地、梯级叠水、喷泉、廊架构成了形式感强，充满趣味的弧形广场。

▲图5-103 绿色植物包围中的小区活动空间，既有开敞的活动场地，也有不同尺度的休息座椅，给小区居民提供舒适安逸的休闲娱乐场地。

▲图5-104 小型休闲空间采用环列式布置，一派幽静的气氛。

图5-105

图5-106

▲图5-105、图5-106 丰富鲜艳的色彩与生动别致的造型，给小朋友带来游戏攀爬的乐趣。

第二，场地开敞，视线通透，便于监护人照应看管。

第三，与主要交通路线间隔一定距离，保证儿童的绝对安全。

第四，阳光充足，空气清新，环境优美，色彩丰富鲜明。

第五，地面铺装采用柔软材质，如草皮、沙地、地垫等。

第六，植物选择要考虑无刺、无毒、无刺激性气味的，低矮灌木应修剪整齐，以免划伤儿童。

第七，活动设施丰富，趣味性强，常见的活动设施有滑梯、秋千架、水池、沙坑、滑板场、迷宫、攀爬墙等。

B.老人活动空间设计要求

第一，位置选择可以靠近儿童活动空间，也可单独设置在相对安静的场所。

第二，一定量的休息设施，如桌子、板凳、棚架等。

第三，开辟专门的活动场地，如健身步道、晨练小广场、门球场等，并设置适合老年人健身的设施和健身器材。

（2）合理的道路系统设计

小区道路是小区景观设计中的重要内容，道路设计要方便居民出入、行走，满足小区内消防需要，做到安全、方便、通达，对低层住户无干扰和人车分流不冲突。小区道路系统包括主要车行道、主要人行道、宅间小道、园路四类。

①主要车行道

小区内的主路，连接着城市干道、小区主要出入口以及其他类型的道路。道路宽6m～7m，在一旁可以附设1.5m～2m的人行道，车行人行并重又互不干扰。（图5-107）

②主要人行道

它用于连接小区内的其他道路体系，路宽3.5m～4m，以居民行走、散步为主，车行为次。

③宅间小道

宅间小道指住宅楼之间的小路，宽度2.5m～3m，主要用于人行通道，同时满足急救车、消防车临时通行。设计应以多样的形式适应居民除通行之外的其他需求，如散步、健身、游玩等。

④园路

园路是小区内各个景观组团的骨架，将活动场地、景点与住宅

▲ 图5-107 小区内的车行道设计应注意标识清楚、防尘防噪声，应通过绿化与住户保持一定的间隔。

▲ 图5-108 园路两侧铺镶天然的灰色鹅卵石，扩大了园路行走范围，路畔花木扶疏，虽非曲径却给人通幽的感觉。

▲ 图5-109 曲折蜿蜒的草坪汀步，优美自然，带给人愉快的行走体验。

▲ 图5-110 翠竹和草坪夹道的入户小径自然而幽静，将外在的干扰降到最低。

▲ 图5-111 入户口的木材地面与绿色的景观小品形成自然、清新、舒适的搭配，使室外空间有家居氛围。

楼联系起来，并可以引导居民深入绿地景观之中。园路通常因循地形地势的变化，形态曲折蜿蜒，自然活泼也更具趣味性。园路的宽度根据场地规模和使用功能来确定，通常最小的宽度应不低于1.2m。园路的铺装材料可选择碎石、鹅卵石、砾石、毛石、青石等自然特征鲜明的材料铺砌。（图5-108、图5-109）

（3）完善的绿地设计

绿地是保证住区环境质量的重要环节。根据相关调查，小区绿地面积应达到每人5m^2～8m^2，绿化用地超过35%，草坪绿地达到50%以上，包括水面在内的绿化面积不小于70%，才可充分发挥其环境效益和社会效益。根据小区规模和空间使用情况，小区绿地有中心绿地、宅旁绿地、道路绿地等种类。

①中心绿地

中心绿地是指服务于整个小区居民的集中绿地，跟小区中心广场的功能相似，有时候也可以合二为一。中心绿地的面积根据小区规模而有所不同，为了满足一定的功能分区，容纳一定数量的居民和活动设施，其面积一般在500m^2～1000m^2，服务半径在300m^2～1000m^2。为了方便居民使用，其位置通常位于小区中心。中心绿地除了保证要有充分的绿化环境，还要提供必要的活动休息场地，设置相应文体设施。

②宅旁绿地

宅旁绿地顾名思义是指分布在建筑物周边的绿地，是小区绿地中分布最广的一种绿地类型。宅旁绿地最接近居民，常在居民日常生活范围之内，可满足附近居民休息、邻里交往、观景需求，并起到保护低层住户的隐私的作用。宅旁绿地的布局应与建筑的朝向、高度、类型、采光、楼间距、宅旁道路等因素密切配合，宅旁植物应选择不影响室内采光通风、设施维护管理、交通行走的植物种类。植物配置注重视觉观赏性，同时也要考虑其功能作用，如空间围合、阻挡视线、隔离噪声灰尘、遮避夏季太阳光曝晒以及冬季强风侵袭等，为居民提供冬暖夏凉、四季有景、亲近惬意的绿化空间。（图5-110）

③道路绿地

道路绿地是指小区中道路两侧的绿地，呈线状分布在小区内，将各个功能空间、景点串联起来，起到美化小区环境的作用，能有效减少交通噪声、灰尘和有害气体，满足行人遮荫、观景的需求。主要道路旁的行道树可以选择枝冠茂盛的落叶乔木，次干道的树种可以选择花叶富有美感的乔木，而小区中的园路可灵活地栽种小型乔木并搭配花卉草地。为了保证行车安全视距，在主要交通道路交叉、弯道处不应栽种高于1m的植物。

④其他绿地

小区中的其他功能空间绿地，如架空空间、停车场、层顶、平台、会所等，根据具体情况进行有针对性的设计。

（4）景观小品设计

住宅小区中的景观小品具有实用和装饰两方面的作用，主要包括景观构筑物、建筑物、雕塑以及各种服务性设施。景观小品的服务对象是人，在设计时应首先满足居民的行为需求、心理需求和审美观念；其次，小品是环境景观的一部分，应充分考虑景观小品的类型、造型、色彩等与整体环境协调一致；第三，景观小品与人的接触频繁，要注意小品使用的安全性以及选材的耐久性。（图5-111）

三、单元教学导引

目标

本单元的教学目标是使学生了解园林景观设计的构成形式语言，通过对现代园林景观设计具体类型及其设计要点的学习，能对不同类型的园林景观设计的方法进行运用和实践。

要求

形式语言是现代园林景观设计的基本表现方式，在进行具体的方案设计之前应做一些相应的练习，因为在之前学生已经积累了很多临摹和抄绘的经验，在这一阶段就更容易掌握，并举一反三。现代园林景观设计的类型众多，每一种类型的设计都有其不同的标准、方法和侧重点，因此这一部分的内容就显得非常重要。教师应在教学的过程中结合实际案例来讲解，并有针对性地选择某一种类型进行课题训练，使学生能够在本门课程中掌握一到两种园林景观类型的设计方法。

重点

本单元重点在两个方面：第一是园林形式语言包括的具体内容以及如何运用；第二是不同类型的园林景观设计要求和方法。

注意事项提示

现代园林景观设计的类型众多，不可能要求学生仅仅通过这一个单元的学习就掌握全部类型的设计方法。在本教程中没有对哪一种类型作重点的阐述，以哪一种类型作为重点完成项目需要任课教师根据实际教学来掌握和把控。

小结要点

学生能否灵活掌握现代园林景观设计的形式语言构成？通过之前的临摹抄绘练习和现在的学习，他们是怎么理解园林景观构成形式语言的？学生对哪一种园林景观设计类型更感兴趣，为什么？教师如何确定本课程需要完成的项目类型？如何组织？有哪些美学法则？现代园林景观设计的类型有哪些？

为学生提供的思考题：

1.现代园林景观设计的形式语言有哪些？

2.基本形式元素的构成方式有哪些？

3.结合具体例子思考，对于自然形的模仿、类比、借用，其不同之处在于什么地方。

4.园林景观空间由哪几种界面构成，由什么元素构成，构成要点是什么，构成的艺术处理手法是什么？

5.广场设计的要点和方法？

6.道路景观设计的类型、构成要素及其设计要点？

7.城市公园设计的要点？

8.住宅小区景观设计的要点？

学生课余时间的练习题：

课堂作业的延续

为学生提供的本单元参考书目：

林振德著.公共空间设计. 岭南美术出版社

郭淑芬 田霞编著.小区绿化与景观设计.清华大学出版社

[日]土木学会编.道路景观设计.中国建筑工业出版社

沈渝德 秦晋川编著.室内景观设计.西南师范大学出版社

《景观设计》杂志

王晓俊编著.风景园林设计.江苏科文技术出版社

本单元作业命题：

教师提供某园林景观设计项目原始地形图。

1.作一份不少于1000字的基地调研报告。

2.完成项目的景观方案设计。设计内容包括：项目说明、方案设计说明、总体景观布置平面图、各种分析图（包括功能分区图、交通流线图、景观节点、视线分析图等）、各类示意图（如硬质铺装、小品设施、服务设施等），以及设计细节的方案图（包括立面图、剖面图）。

3.不少于两张的景点透视效果图。

作业命题的缘由：

实际项目的设计是对学生所学知识的综合运用，通过对具体项目的设计让学生体会园林景观总体设计的思路，培养解决问题、分析问题的能力，训练学生对于景观设计从理念到实践的落实能力，方案设计从粗到细的深入能力。

命题作业的具体要求：

1.所有方案图纸均可采用手绘或电脑制作的表现方式。

2.项目调研报告、设计说明按要求编写，可以图文并茂的形式进行。

3.设计过程中的草图保留下来，作为自己设计推导的过程。

4.严格按照制图规范要求来绘制相关图纸。

5.保质保量完成。

命题作业的实施方式：

打印、装订成册。

作业规范与制作要求：

1.所有作业绘制（或打印）在A3图纸上。

2.装订成册并设计封面和目录，注明作业课题的名称、班级、任课教师姓名、学生姓名和日期等内容。

后 记

教材的编写花费了一年的时间，期间还有工作上、生活上的各种干扰，到现在定稿终于完成，而心情却没有想象中的轻松，反而有一种忐忑不安的感觉。

在编写这本教材的过程中，从最开始的大纲确立、文字编写，到后期的图片案例收集查找，原本抱着轻松心态的我们切身感受到了教材编写的艰辛和不易。加之现代园林景观设计包含的内容繁多，学科涉及面广，是一门综合性很强的专业学科，这本教材只能算作是提纲挈领、管中窥豹，还有很多需要进一步深入和完善的地方。

虽然已经尽力想要做到令自己满意，却始终觉得还可以更好地完善。我想这大约就是每一个求学之人的心理感受，人生有尽、学无止境，追求更好的理想会引领我们进一步努力。

非常感谢在编写教材过程中帮助过我的师长、同行和朋友，以及西南师范大学出版社的编辑给予的辛勤劳动和支持。

主要参考文献

成玉宁著.现代景观设计理论与方法.南京：东南大学出版社，2010年版
刘滨谊著.现代景观规划设计.南京：东南大学出版社，2005年版
吴家骅著.环境设计史纲.重庆：重庆大学出版社，2002年版
顾馥保著.现代景观设计学.武汉：华中科技大学出版社，2010年版
曹林娣著.中国园林艺术概论.北京：中国建筑工业出版社，2009年版
林振德著.公共空间设计.广州：岭南美术出版社，2006年版
土木学会著.道路景观设计.北京：中国建筑工业出版社，2003年版
诺曼·K.布思著.风景园林设计要素.北京：中国林业出版社，1989年版
格兰特·W.里德著.园林景观设计从概念到形式.北京：中国建筑工业出版社，2006年版
王晓俊著.风景园林设计.南京：江苏科学技术出版社，2003年版
诺曼·K.布思 奥姆斯·E.希斯著.独立式住宅环境景观设计.沈阳：辽宁科学技术出版社，2005年版

图书在版编目（C I P）数据

现代园林景观设计教程 / 全利编著. -- 重庆 ：西南师范大学出版社，2013.8
ISBN 978-7-5621-6347-3

Ⅰ. ①现… Ⅱ. ①全… Ⅲ. ①园林设计－景观设计－教材 Ⅳ. ①TU986.2

中国版本图书馆CIP数据核字(2013)第157609号

丛书策划：李远毅 王正端

高等职业教育艺术设计“十二五”规划教材
主　　编：沈渝德

现代园林景观设计教程 全利 杜涛 编著
XIANDAI YUANLIN JINGGUAN SHEJI JIAOCHENG

出版发行：西南师范大学出版社
地　　址：重庆市北碚区天生路1号
邮政编码：400715
http://www.xscbs.com.cn
电　　话：(023)68860895
传　　真：(023)68208984

责任编辑：胡秀英
整体设计：沈　悦
经　　销：新华书店

制　　版：重庆新生代彩印技术有限公司
印　　刷：重庆康豪彩印有限公司
开　　本：889mm×1194mm 1/16
印　　张：6.5
字　　数：171千字
版　　次：2013年8月 第1版
印　　次：2013年8月 第1次印刷
ISBN 978-7-5621-6347-3
定　　价：39.00元